U0160724

POST CA
BRONX
AMBRICANO
PLA
Campbell's
Beef Broth
(BOUILLON)
SOUP
FIRST AID
KIT

STONE'S
ORIGINAL
FINE RUM
PRODUCT OF BARBADOS
ASPIRIN
BOOTH'S
Finest Dry Gin

鸡尾酒圣经

[英]特里斯坦·斯蒂芬森 著　乔新刚 译

THE NEW TESTAMENT OF COCKTAILS

中国友谊出版公司

图书在版编目（CIP）数据

鸡尾酒圣经 / (英) 特里斯坦 · 斯蒂芬森著 ； 乔新刚译. — 北京 ：中国友谊出版公司，2022.4

ISBN 978-7-5057-5418-8

Ⅰ. ①鸡… Ⅱ. ①特… ②乔… Ⅲ. ①鸡尾酒–调制技术 Ⅳ. ①TS972.19

中国版本图书馆CIP数据核字(2022)第025690号

著作权合同登记号 图字：01-2022-2859

First published in the United Kingdom in 2018
under the title The Curious Bartender Volume II: The New Testament of Cocktails by Ryland Peters & Small, 20-21 Jockey's Fields, London WC1R 4BW

书名 鸡尾酒圣经
作者 [英]特里斯坦 · 斯蒂芬森
译者 乔新刚
出版 中国友谊出版公司
发行 中国友谊出版公司
经销 新华书店
印刷 北京中科印刷有限公司
规格 880×1230毫米 32开
10.75印张 280千字
版次 2022年7月第1版
印次 2022年7月第1次印刷
书号 ISBN 978-7-5057-5418-8
定价 98.00元
地址 北京市朝阳区西坝河南里17号楼
邮编 100028
电话 (010) 64678009

C O N T 目录 E N T S

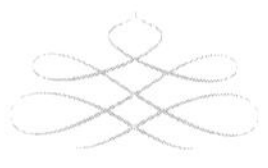

I N T R O D 前言 U C T I O N

大家好！

欢迎阅读《好奇的调酒师》系列最新版。

很高兴能见到您。

自《好奇的调酒师：全面掌握调制完美鸡尾酒技艺的精髓》2013 年出版以来，这一系列的图书已经售出数万册，并被译成多种语言。继第一本书出版并获得成功之后，我改变了最初的关注焦点，针对烈性酒（威士忌、金酒、朗姆酒）和咖啡，陆续完成了四本书的写作。这几本书虽然也涉及了一些鸡尾酒的调配方法，但主要内容是描写酒的特定种类，而非酒的调制方法。

但在我的内心深处，我一直知道，有朝一日，我要再写一本关于鸡尾酒的书。

首先，我最早推出的那本书已经需要更新了。在手工鸡尾酒和调酒技术盛行的时代，流行趋势日新月异。随着流行期的变迁，不同的饮品得宠又失宠。一些 10 年前引领酷帅潮流的做法，现在显得愚不可及或单调乏味。这不是说我并不以第一本书为豪。依我拙见，它很好地展现了调酒手艺在 5~10 年间度过的略显青涩的青春期。

2005 年至 2010 年间，随着经典鸡尾酒的复兴以及各种新颖调酒技术在

酒吧的推广，酒吧行业经历了一段非凡的自我发现时期。我希望诸如真空低温烹饪法（见第 46 页）等调制技术已经在酒吧找到永久的安身之处。其他例如珍珠般颗粒分明的水胶体鱼子酱珍珠已经无人问津。

新的趋势次第登场。想想看吧，在八年前，人们还很难找到现场碳酸化鸡尾酒的酒吧，这真是太不可思议了。现如今，碳酸鸡尾酒已成为酒吧酒品中的寻常一员，人们已经开发出了不同的调配方法。由于人们越来越热衷于环保食物和饮品，很多人在创新鸡尾酒调制方法时采取了本土化策略（见第 115~117 页“虎奶”），并重拾传统的制备和保存方法，如熏制（见第 75~77 页）和发酵（见第 57~60 页），这些技法拓宽了混合鸡尾酒的风味范围。在技术的最前沿，液氮（见第 72~73 页）依然既可以用来降温，也可以用来从植物中提取风味，而酒吧使用的蒸馏方法（见第 70~71 页）的地位已从“极端罕见”变为常态。目前影响酒吧行业的最激进的趋势，或许是不含酒精的鸡尾酒。由草药、果汁、苏打水组成的混合鸡尾酒多年来一直是酒吧酒水单的招牌，但是不含酒精的新一代“葡萄酒”“烈酒”和混合酒正风靡于各个酒吧，并开辟了无酒精调酒术的新天地（见第 178~180 页）。

我们需要一本新的鸡尾酒专著，来记录最新的发展趋势，并探索一系列新型的经典鸡尾酒。在这本书里，我第一次记录了 32 种“新型”经典鸡尾酒的详细配方和说明。这些鸡尾酒中的大部分都是我早已熟悉的，然而在这本书里，我以训练有素的独到感受，从全新的视角将它们合并到一起进行描写，正如调酒一样。这让我非常有成就感，当我在自己的酒吧里同团队成员分享和讨论各种鸡尾酒时，这种成就感显得更加强烈。

至于酒吧，我想说的是，我在开始撰写《好奇的调酒师》——我的第一本书时，刚刚开了我的第二间酒吧：崇拜街口哨店。从那以后，我在伦敦又开了四间酒吧，包括一间专门销售威士忌酒的布莱克罗克酒吧和一间名为赛克的雪莉酒酒吧。我还在康沃尔波尔泽斯开了一家瑟夫赛德海鲜餐馆，成了一名餐馆老板。我现在还担任一家瓶装鸡尾酒公司的董事，最近还成立了一

家名为“威士忌迷”的威士忌订阅俱乐部，将业务拓展到了电子商务领域。

这些更广泛的商业活动意味着，如今我的大部分工作是在电脑前而不是在吧台后完成的。让我有些意外的是，这种工作场所的变更对我的生活也带来了影响，那就是，我现在要花更多的时间在家里调酒，用酒做实验。本书写到的大多数经典鸡尾酒都在我家厨房里经历过检验，我还在家里开发了许多原创鸡尾酒。这与《好奇的调酒师》系列书籍的精神是一致的，无论您是家中的鸡尾酒业余爱好者还是酒吧里的专业调酒师，都要在探索美妙鸡尾酒和爽口烈酒的过程中激发出您的热情。

事实上，对于探索、检验和创造鸡尾酒的强烈愿望，不应该仅限于世界上顶级的调酒师。不论在什么地方，每个人都可以参与其中，我希望这本书能在这一创造性的活动中发挥作用。

最重要的是，本书旨在讲述鸡尾酒为何非同寻常，介绍如何调制非凡的鸡尾酒。它向读者阐释了开发原创鸡尾酒所需的知识。通过写作这本书，我对鸡尾酒的相关了解或许也会更加深入。这是一本前所未有的在业余爱好者和专业调酒师之间建立起纽带的书。本书适合各类读者阅读，读者需要满足的条件只有一个——充满好奇心。

本书使用指南

本书第一章主要讲述调酒所需的基本工具、酒杯和用于混合的配料。您可能不需要所有这些物品，或者您可能全都需要，同时还要加上本书后面讲到的其他一些物品。这一章是您开启鸡尾酒世界之门的钥匙。

第二章介绍各种各样的调酒技术。我们首先要深入了解冰镇、冷却、摇和、搅拌抑或混合鸡尾酒的过程。这一章将涉及一些科学知识，但我可以向您保证，这些都是值得阅读的，您的味觉稍后会感激您。本章还将讨论基本的口味原则，如酸、甜和咸。接着我们将详细探讨各种鸡尾酒制备技术，包括蒸馏、浸泡和放在橡木桶中陈化。

第三章的内容比前两章更为丰富，包括了所有的鸡尾酒配方。您将在这一章的开头看到一张口味地图，这是根据酒精浓度、甜度或干度绘制的鸡尾酒风味图。这张图具有很好的视觉效果，是非常实用的工具，可以帮助我们决定接下来想要调制哪种酒，这是我个人的必备工具。在这部分里，对鸡尾酒的介绍是按照基酒（鸡尾酒中主要的酒类）进行的。我通常不会这样设计鸡尾酒菜单，但是按照这种方式来介绍鸡尾酒，可以帮助那些可选酒类有限的人迅速锁定他们能够调配的鸡尾酒。对每种鸡尾酒本身的介绍分为两部分：首先是这种鸡尾酒的经典版本，我会在其中梳理相关历史和评价；接下来是我对这种鸡尾酒的阐释，通常涉及更先进的技术和抽象的口味描写。

RICAR
NIKKA WHISKY
FROM
THE BARREL
alc.51.4°
ウイスキー
原材料 モルト、グレーン
●アルコール分 51%
500ml
製造者 ニッカウヰスキー株式会社6
東京都港区南青山5-4-31

基本概念

第一章
THE BASICS

BASIC EQUIPMENT

基本调酒工具

虽然有一些不需要任何工具就能调制鸡尾酒的方式和方法，但是这种对调酒术满不在乎的态度，我们还是要尽量避免，除非您是经验丰富的调酒师，或者根本不在意口味好坏——这种情况下，这本书可能不适合您。所以，您需要一些调酒工具。

量酒器

量酒器对调酒师而言，犹如菜刀之于厨师：可靠，总是触手可及，总是量身打造。

的确，量酒器每次只能制作 1~2 杯鸡尾酒，而不能大批量地调酒，批量调酒需要用到不同刻度的量酒器（见右侧图片）。最常见的量酒器是用钢制作的，由两个顶端相连的锥形测量容器组成。这种设计让您花一份钱得到两种量酒选择，同时，这种形状的量酒器可以立着放在您的工作台上。

量酒器有各种各样的规格，反映出英制和公制的计量惯例以及不同国家的特定口味。一些量酒器的刻度线刻在内侧，用于表示小计量倒酒的量。要留心观察这些刻度是否准确，毕竟，它们有可能并不精确。必要时，要用精确的电子秤检测您量酒器的测量值，以保证计量的准确。

刻度也会显示出“满”的量酒器看起来是什么样——倒酒高度相差几毫米，调好的酒就会相差几毫升。又矮又宽的量酒器会让倒酒更加困难，使用这样的量酒器，倒酒过高或过低都会导致容量上有更大误差。

在调酒生涯的多数时间里，我使用的都是 25 毫升 /50 毫升的量酒器，并且从来不觉得自己的工具不好。但是现在市场上的量酒器样式繁多，琳琅满目，只要不考虑成本因素，就有各种各样的量酒器供您选择。我建议您至少再买一套 20 毫升 /40 毫升的量酒器。如果您身在美国，可能会更习惯用盎司作为计量单位，那您也许更喜欢使用 1 盎司 /2 盎司的量酒器。不过我想说，不论是现在还是以后，公制计量更准确，更适合批量调酒。

秤

秤在调酒师的装备中并不起眼，但它是最重要的器具之一。我们能够（并且应该）用称量固体的方法称量液体，您会发现用重量计量比用体积计量更好，尤其是在计量非常少量或非常大量的液体时。

考虑到这一点，我建议您买两套秤：一套精确到 1/10 克，适合于计量酸粉、凝胶（用于增稠液体、制作果胶、果酱和凝胶）和盐；另一套用于批量调制鸡尾酒，精确到 1 克，称重范围达到 5 千克。

吧勺

不久之前，吧勺就是一把调配酒用的长柄匙子而已。如今，您可以找到各种长度、重量、颜色和审美品位的吧勺。当然，所有优质的吧勺都有一个共同特点：易于搅拌饮品。坦白地说，我们根本不需要那么多种类的吧勺。

找一把足够长的吧勺——可以放进一个高的搅拌杯，30 厘米的长度通常就够了。要挑选重量合适的吧勺，可以稳稳地沉入杯子底部而不会漂上来。坦白地说，吧勺的勺头不适合测量所盛物体的量，但是可以轻巧地从罐子中盛取调味剂，或者从调酒量杯中舀取少量液体进行品尝。吧勺的“颈部”通常是扭曲的，这源于旧时的手工制品设计，那时这种长柄匙用于使配料漂浮起来。但是现在，直颈吧勺日益受人欢迎。吧勺的另一端可能是扁平的圆盘（可以用来分层）、叉子（可以用来叉起樱桃、橄榄等）、一个圆形小锤（可以用来打碎冰块）或者泪珠形状（为了看起来美观）。要想了解更多搅拌饮品的知识，请阅读第 30~35 页。

榨汁机

如果您手头没有一台榨汁机，您的鸡尾酒之旅不会长久。不要用难以清洁又效率低下的手持式榨汁机。要选一台杠杆式榨汁机。更多有关榨汁机的信息见第 51~56 页。

摇酒壶和调酒杯

首先摇酒壶的主要功能是快速冷却鸡尾酒；其次是盛放鸡尾酒免得在摇酒时溅得到处都是。只要不是太廉价太低劣，绝大多数价格在 10 英镑 /14 美元以上的摇酒壶大概都可以满足上述标准。

因此，决定购买哪种类型的摇酒壶就要看个人的喜好了。一般来说，摇酒壶有三种类型。

英式摇酒壶（三段式摇酒壶）大概就是当您闭上眼睛想起广告图片时，脑海里所浮现出的样子。英式摇酒壶有各种不同的尺寸——既有单杯式的，也有大得滑稽可笑的——不过它们都包括一个锡罐一样的壶身（只是像个“锡罐”，其实是由钢制成的），里面可以盛放所有的材料，还有内置滤网的过滤中盖和可拆卸的顶盖。

我刚开始从事调酒工作时，这类摇酒壶就已经过时了，不过现在，日本酒吧文化的兴起带来了经典调酒技术的复兴，因此这类摇酒壶又流行开来。我喜欢英式摇酒壶，因为它们是成套的，不需要额外的装置（您甚至可以拿摇酒壶的盖子当量杯用），但一些人对其颇有微词，认为与其他调酒壶相比，这种摇酒壶使用起来速度慢，不太方便。

波士顿摇酒壶由两部分组成，通常包含一只1品脱的强化玻璃杯和一个28盎司的钢罐（此处是指英制计量法，因为这是摇酒壶所遵循的标准）。现在您可能无法想象玻璃调酒杯和金属锡罐在剧烈摇晃时相互碰撞而不分离，但波士顿摇酒壶就是这个样子，这都要归功于物理学。

您把冰块扔进波士顿摇酒壶以后，冷却的不仅是摇酒壶里的液体，还有空气。随着空气温度下降，气压降低，两个容器就会紧紧地黏在一起。而且在实际情况中，它们有时黏得太紧，需要花很大力气才能分开。

分开它们的诀窍是用一只手握住大的容器，另一只手则靠近腕骨的坚硬部位敲击罐子顶部，也就是两个容器的连接处。波士顿摇酒壶在美国仍然盛行，在提供大量鸡尾酒的酒吧也是如此。这可能是因为它们比英式摇酒壶的内部容积更大，也可能是因为它们价格不贵，不易碎而且易于清洁，不足之处是您需要另外配备一个过滤器。

第三种类型的摇酒壶是巴黎摇酒壶。这类摇酒壶有点像英式摇酒壶和波士顿摇酒壶的结合体，尽管“结合体”这个词有些许误导性，但也表明它在某些方面更胜一筹。实际上，您最终看到的是一个两件式摇酒壶，其中一只锡杯可以刚好滑入另一只锡杯，这两只杯子在摇晃之后几乎不可能分开。说到这里，我还注意到波士顿摇酒壶具有倾向于“锡杯套锡杯”的趋势，和巴黎摇酒壶一样存在两个容器粘连在一起的问题。出现这种设计上的问题是因为，钢在按压时会轻微弯曲。如果想达到良好的封闭性，不让酒漏出来，有弹性其实是件好事。但是如果您试图用“手腕拍打”的方法把两个容器分开，就会出现问题，因为两个容器受到冲击时都会弯曲，并一直牢牢地卡在一起。

用搅拌法调制鸡尾酒时，您可以使用以上任何一种摇酒壶的“锡罐”部分，但我个人选择用带有唇形槽口的玻璃调酒杯来调酒。玻璃调酒杯的好处在于，您和您的顾客能看到鸡尾酒混合和冷却的过程。如果您忘了放某种配料，或者放的量不足时，酒的颜色看起来不对，使用玻璃调酒杯就很方便观察。对于口干舌燥的饮酒者而言，我们很难衡量在透明的玻璃器皿中调酒究竟会对他产生什么影响，但很可能是积极的。

滤冰器

滤冰器的目的是将冷却后的鸡尾酒同冰块相分离。即使您制作的是加冰鸡尾酒，也最好使用新鲜的冰块，因为它们看起来色泽更好，而且融化的速度更慢（要了解更多关于冰块的信息，参见第 25~29 页）。

调酒师用的滤冰器有三种，当然还要算上英式摇酒壶中盖的内置滤网。

霍桑滤冰器是经典的钢制过滤器，它与波士顿摇酒壶一起使用。霍桑滤冰器由一块带手柄的金属板（多数情况下没用）和一根充当柔韧屏障的长弹簧组成，这个弹簧可以让滤冰器紧贴波士顿摇酒壶的内壁。将食指牢牢压在顶部后，您就可以拿起摇酒壶进行过滤了。

单手操作非常重要，因为在某些情况下（见下图），您可能需要额外更精

细的滤冰器（或滤茶器）去除烦人的冰屑，此时您的另一只手可以把持**精细滤冰器**，将其置于玻璃杯上方。

还有一种滤冰器可以选择，就是朱利普滤冰器，我在准备搅拌饮品时特别喜欢使用这种滤冰器。朱利普滤冰器最初是放在朱利普鸡尾酒（含有大量碎冰和薄荷）上的，但后来有了更为广泛的用途，就是用作搅拌调制鸡尾酒的通用滤冰器。

朱利普滤冰器上的孔相对较大，滤孔不多，因此用于摇和鸡尾酒时效果不佳，但对于需要搅拌调制的鸡尾酒来说是刚好适合的。这是因为搅拌类鸡尾酒所使用的冰块大而均匀，不需要精细过滤，而且搅拌类鸡尾酒比摇和类鸡尾酒有更好的流动性。此外，朱利普滤冰器简单简洁的一体式设计显得优雅，适合更精细的调酒准备工作。

根据制作鸡尾酒的方法（摇和或搅拌）和最终呈献给顾客的方式（浇在冰上或直接上桌），我根据经验将用以下方案作为基本法则。

摇和，加冰：

霍桑滤冰器 / 英式滤冰器

摇和，直接上桌：

霍桑滤冰器 / 英式滤冰器 + 精细滤冰器

搅拌，加冰：

朱利普滤冰器

搅拌，直接上桌：

朱利普滤冰器

ADVANCED MEASURING EQUIPMENT
先进的测量工具

量酒器适合快速调酒，但往往只有业余爱好者在开发新饮品或批量调制时，才会依赖量酒器。为了进行精确计量，我建议购买一套带刻度的塑料量筒（量筒价格便宜，结实耐用，比量酒器或吧勺要精确得多——千万别指望用吧勺来计量）。您也可以买一套塑料注射器，用来在不同容器之间快速、精确地转移少量液体，以免洒得到处都是。

如果您的预算充足，而且的确是在寻找测量体积的终极工具，那我想向您推荐微量移液器。这些小装置基本上是改进版的移液器，带有测量范围为1~5 毫升的立体显示器，非常适合对强效成分进行超精确测量。它们主要用于实验室，您可以大致估个价，但至少要花 100 英镑或 140 美元。

折光仪

另一种有用的工具是折光仪，越来越多的酒吧流行使用这种工具来测量折光率，也就是光线通过液体时的弯曲程度（您可以想象一下平克・弗洛伊德的作品《月之暗面》）。

根据折光仪的校准方式，折光率可以告诉您液体中溶解的糖或盐的含量，甚至酒精的浓度等信息。如果您想问这件实验室装置贵不贵，答案是：或许

10
20
30
40
50
ml
STERILE SINGLE USE
LATEX FREE Romed ® Holland

TRITON T3
UNIT
0
400G X 0.01G CAPACITY

16.2
°C/°F
MAX/MIN
ON/OFF

如此。不过您也可以花不到 20 英镑 /28 美元买一台不错的折光仪。至于如何使用折光仪，最重要的一点是——至少对于便宜的折光仪，它们只适用于执行一项任务，例如测量糖浆中糖（或白利度）的百分比。需要做这样的测量时，折光仪是最好的工具。要达到自制糖浆甜度的标准化，并在必要时调整糖溶液的浓度，用折光仪测量糖的百分比就是最佳（或许也是唯一）的方法。您可以选择刻度为 0°~80° 白利度的折光仪，即使要测量最甜的糖浆也可以用。

使用折光仪测量白利度时，要记住两件重要的事情。首先，白利糖度值告诉您的是糖分占物质总重量的百分比。这意味着 50° 白利度的糖浆是等比例的糖和水，而 66° 白利度的糖浆是两份糖和一份水。

第二件事是，折光仪默认液体中除了糖和水，没有其他物质。这限制了折光仪的适用范围。折光仪只能用于不含盐、含盐很少以及绝对不含酒精的糖浆，恐怕无法用于利口酒。

酒杯

好吧，让我们明确一件事：90% 的鸡尾酒可以用以下三种酒杯饮用：碟形香槟杯（马提尼杯）、高球杯或古典杯（岩石杯）。选择一只大小适中的碟形香槟杯，既可以喝一小杯马提尼，也能喝像边车这样的摇和调制的大杯酒。在容量方面：通常 150 毫升 /5 液体盎司，里面倒上 80 毫升 /2¾ 液体盎司的伏特加马提尼，看起来刚刚好，调制白色丽人时也不会溢出来。

高球杯和古典杯的容积通常是一样的。高球杯更高更窄，而古典杯更矮更宽。想想您最喜欢调制什么鸡尾酒，考虑以下该用哪种大小的酒杯才适合。我非常喜欢坚持使用适合自己所需的杯子，而不是到处购买并更换藏品。

尽管如此，我也会心满意足地用茶杯或蛋杯喝鸡尾酒，或者直接把调好的酒倒回瓶子里喝。如果这酒味道不错，那就是好酒。漂亮的酒杯可以让高质量的鸡尾酒更加诱人，却不能让劣质的鸡尾酒变得可口。

用什么样的鸡尾酒杯也取决于环境。如果我在苏格兰高地露营时喝一杯罗伯罗伊鸡尾酒，我宁愿用一个搪瓷野营杯，而不是水晶马提尼酒杯。

如果鸡尾酒不加冰，酒杯应该在使用前冷藏。用常温玻璃杯盛冷饮就像用冷盘盛热食物一样，不可能保持最佳饮用温度。对于大多数鸡尾酒，我都喜欢使用冰箱里冷藏的玻璃杯。这些杯子的温度在1℃左右，高于大多数饮品常见的温度范围（－5℃~0℃），属于可接受的温度。放在冷冻柜中的酒杯也可以用（看起来也很酷！），但这些杯子通常比鸡尾酒本身的温度更低，会让原本凉爽的鸡尾酒显得温热，具有矛盾效应。不过，这种效应一两分钟后就会消失的。

忘记把杯子放进冰箱怎么办（我就遇到过这样的情况）？您可以在杯子里加些冰块和水，然后快速搅拌一分钟左右，这会让杯子迅速冷却。不要着急，要确保杯子的温度刚好合适，这会对您或客人的饮酒体验产生深远的影响。

THIRTEEN BOTTLES
十三种酒

所有的成分都是平等的，但有些成分比其他成分更加平等。的确，有些鸡尾酒需要非常特定的品牌或风味，但大多数时候，您选择的确切产品并非至关重要。众所周知，鸡尾酒的影响力取决于它最薄弱的环节，但现实中，并不是所有的环节都同等重要。

如果您正在调制马提尼，金酒是一个重要的考虑因素，因为它处于风味特征的最前沿，所以在选择时需要小心。但在尼格罗尼（Negroni）这样的鸡尾酒中，与金酒的味道同样重要的，是比马提尼中的香味更加浓烈的干味美思，因此对金酒的品牌过于挑剔显然就没有必要了。只要您不选用带有极端植物成分的金酒，或者味道很差的金酒，大多数品牌的金酒可能都会让您调配出美味的尼格罗尼。我把调酒的过程比作烹饪。如果您在做意大利番茄牛肉面，牛肉是切碎的还是绞碎的并没有那么重要，重要的是番茄、烹饪时间和意大利面的质量。然而，如果您正在煎牛排，那么牛肉的切法就会成为极其重要的因素了。

我在这里想说的是，我们通常可以从不同类别的常见烈性酒中选择一个牌子，在大多数情况下都坚持使用它。在选择品牌时，我的主要建议是，确保您所选的酒用途广泛，质量上乘，口感良好。对于大多数鸡尾酒来说，指定类别的通用烈酒即可，但在某些情况下，某种鸡尾酒需要非常特定的烈性酒（比如说，您不能在莫吉托中加入海军朗姆酒）。所以我将按照我的了解，尽量指出哪些鸡尾酒的调制需要特定风格、年代或品牌的烈性酒作为基酒。

金酒

与其他烈酒相比，金酒是更常用的经典鸡尾酒基酒。事实上，如果您是 20 世纪 20 年代的调酒师，客人要求您调制的绝大多数鸡尾酒都含有金酒。对我来说，金酒的关键在于杜松子，所以应该选择必富达（Beefeater）或添加利（Tanqueray）这样的经典品牌。当然，还有很多较新的品牌也符合要求。

朗姆酒

朗姆酒是一种用甘蔗酿制的烈性酒，是许多经典潘趣鸡尾酒和提基类鸡尾酒的关键成分，最著名的潘趣鸡尾酒来自古巴。买一瓶适用于所有鸡尾酒的朗姆酒并不容易，因为一些鸡尾酒要求的是较清淡的口味（未陈化或轻度陈化），以讲西班牙语的加勒比海岛风格为典型代表，而另一些鸡尾酒要求的是较浓烈的口感，在牙买加或圭亚那可能比较常见。一个不错的折中方案是淡巴巴多斯（Barbados）或圣卢西亚（St Lucia）朗姆酒，例如多莉（Doorly's）或庄主珍藏（Chairman' s Reserve）。

苏格兰威士忌酒

我们这里要的是一杯上等的调和式苏格兰威士忌，它不会让您倾家荡产。避免烟熏味太浓的食物，因为这可能会破坏鸡尾酒口感的平衡，和细品水果以及麦芽的特点。尊尼获加金牌珍藏调和苏格兰威士忌（Johnnie Walker Gold Reserve）、帝王 12 年（Dewar' s 12）或芝华士 12 年（Chivas 12）都是不错的选择。

波本威士忌酒

在美国颁布禁酒令以前，美国威士忌是许多鸡尾酒的主要成分。那个时代的鸡尾酒也使用黑麦威士忌作为基酒，与波本威士忌的高玉米含量所带来的爽滑清甜相比，黑麦威士忌的味道有点辛辣。

一个很好的折中方案是使用沃福珍藏威士忌或布莱特威士忌，它们都是波本威士忌，使用的谷物混合配方里均包含有益健康的黑麦。

法国白兰地

法国白兰地是 19 世纪中期最早的混合烈酒，现在仍然是十分常见的鸡尾酒成分。任何一家大型白兰地酒庄的优质高级白兰地（VSOP）都很不错，不过如果您需要我推荐，我建议您不妨看看皮埃尔·费朗干邑白兰地 (Pierre Ferrand)。

龙舌兰

购买龙舌兰酒的黄金法则就是，只买标签上标有“100% 龙舌兰”的酒。如果没有标明“100% 龙舌兰”，那就意味着酒里含有一些玉米或小麦蒸馏物，这会提高酒精含量并淡化该饮料天然的植物风味，而这种风味决定着酒的口感。陈年的龙舌兰酒和未陈年的龙舌兰酒品尝起来，具有截然不同的口感，所以，为了满足人们对不同口味的需求，我建议购买存放了 2~12 个月（微陈）的龙舌兰酒。

伏特加

坦白地说，一旦把伏特加倒进鸡尾酒，十有八九是分辨不出区别的。如果您需要上档次的基酒，比如要调一杯伏特加马提尼或维斯珀，买您喜欢喝的酒就十分必要了。我推荐购买雪树（Belvedere）和维斯塔（Vestal）这样的黑麦伏特加，或者像骑士（Chase）这样的土豆伏特加。

橙皮甜酒

橙皮甜酒（法语意为“特别干燥”）和起源于荷属加勒比海岛屿的库拉索酒（Curaçao）很相似。这两款酒都是用苦橘子皮制成的橘子利口酒，但库拉索酒要更甜一些。我会推荐橙皮甜酒，比如君度(Cointreau)，我提供的酒谱就是基于这种烈酒。

阿玛罗

金巴利（Campari）或阿佩罗（Aperol）这样的苦味开胃酒是不可缺少的好原料，因为它们可以做出像美国佬那样美味的长饮酒。它们也是具有传奇色彩的尼格罗尼鸡尾酒的主要成分。

味美思

如果您想选一瓶味美思酒，我建议选择甜白风格。这种酒颜色浅淡，但味道很甜。如果预算够买两瓶酒，那就买一瓶特干（法国风格）和一瓶甜红（意大利风格）。味美思酒一定要存放在冰箱里，并争取在30天内喝完。

小贴士：加了苏打水和冰的味美思，可以作为白葡萄汽酒的美味替代品。

苦艾酒

与您可能听说过（或可能经历过）的相反，苦艾酒并不是有时被贴上标签的引起幻觉的毒药。苦艾酒的酒精含量非常高（这是为了不让酒液看起来浑浊，因为在酒精含量低的情况下，酒液中会含有稀释出来的油）。然而，苦艾酒原本是要与其他饮品搭配的。苦艾酒的最佳饮用方式是加大量冰水，或用来调配萨泽拉克鸡尾酒和僵尸复活2号。最好的苦艾酒品牌是贾德（Jade），此外还有蝶舞（Butterfly）和柯蓝（La Clandestine）。

黑樱桃酒

樱桃味的利口酒在鸡尾酒改良领域可以说和橙皮甜酒同等重要。它与橙皮甜酒几乎是在同一时期流行起来的。黑樱桃酒具有神奇的调和能力，能让一款口感很差的酒脱胎换骨。路萨朵（Luxardo）是最受欢迎的品牌。

干白葡萄雪莉酒

没错，我是个雪莉酒迷，我也相信，一小滴雪莉酒几乎可以改善任何一种鸡尾酒的口感。雪莉酒也可以很好地代替苦艾酒。一些很受欢迎的经典鸡尾酒以雪莉酒为基酒，例如雪利寇伯乐。

KITCHEN INGREDIENTS

厨房食材

完全用酒制作的鸡尾酒有时也不错，但是如果您不满足于此，您就需要一份基础的厨房食材清单。目前，您很可能已经有了这些食材，但在晚上的鸡尾酒调制之前，还是有必要花点时间检查一下食材的。

糖

细砂糖很容易转化为糖浆，是制作鸡尾酒的主要食材，也可以用作调味糖浆的基础材料。或许，您也想试一试颜色较深的糖，比如红糖和黑糖——这些在需要陈年朗姆酒的鸡尾酒中效果很好。

盐

盐在调和酒中的作用与在食物中的作用相似，可以提升风味，淡化苦味、甜味和酸味。鸡尾酒很少有咸味的，但是加入少许盐会改善大多数饮品的口感。在桌上放点盐用于制作糖浆和浸泡液，片状海盐可以用于玻璃器皿边缘和装饰。

苏打水

储备好大量的苏打水似乎简单，其实很有挑战性，因为苏打水的气泡很快就会消失。如果您想要的只是一杯气泡酒，这就无所谓了，但如果您想调一杯金汤力，没有气泡就是件憾事，没有气泡的莫吉托也会让人感觉有点平淡。

苏打水、汤力水、姜汁啤酒和可乐构成了碳酸世界的四大支柱。

药草

新鲜的药草可以用来装饰鸡尾酒，也可以作为鸡尾酒的成分，它们赏心悦目、沁人心脾。不过，新鲜的药草难以储存。过量的水分会使叶片黏糊糊的，水分太少又会让叶子变干，过多的光照更会使叶子变黄。将薄荷、香菜和罗勒等柔软的草本植物储存在冰箱里，但是要把它们像鲜花一样放在底部有水的玻璃罐中。像迷迭香、百里香和鼠尾草这样的木质药草也应该冷藏，如果把它们包裹在厨房用的湿毛巾里，放进密封的容器后冷藏，可以保存更长的时间。

蜂蜜

蜂蜜是一种很好的改良剂，几乎可以在任何一种鸡尾酒中代替糖浆，当然，前提是您喜欢蜂蜜的味道。蜂蜜金酒、伏特加和威士忌等以谷物为原料的烈性酒搭配得特别好。

枫糖浆

枫糖浆类似于蜂蜜，也可以为调制好的鸡尾酒增添黄油般的甜蜜色调，同美国威士忌搭配相得益彰。

龙舌兰糖浆

龙舌兰糖浆可能被证明是一种健康食品，但您并不是为了有益健康才喝玛格丽特酒的，对吗？龙舌兰糖浆与龙舌兰烈酒（特基拉、梅斯卡尔）、卡沙夏以及农业朗姆酒非常相配。

鸡蛋

在鸡尾酒中使用鸡蛋、蛋黄和蛋清的历史悠久。菲利普、牛奶甜酒和奶油葡萄酒等许多经典饮料需要用整只鸡蛋来提升饮品的口感和味道。很多诞生于混合饮料黄金时代（1860~1930 年）的鸡尾酒也倡导用蛋清。

柑橘类水果

见第 42 页。

调 酒 的 技 术

第二章
TECHNIQUES

INTRODUCTION TO CHILLING

冷却方法介绍

酒吧里的所有液体都储存了一定的热量，当您把它们同冰混合时，一场能量竞赛就开始了，直到最后一克冰融化，这场竞赛才会结束。随着比赛拉开帷幕，液体开始变冷，冰块开始融化，在这个过程中的某个时刻，您会得到一种足够冷且未被冰水过度稀释的鸡尾酒。但对超级好奇的人来说，这里还有很多细节可以探索。

冷却的原理

鸡尾酒的冷却是通过同时发生的两个物理过程实现的。第一个过程是热量从液体直接传导到冰。换言之，液体能够冷却是因为冰是冷的。事实证明，将 100 克的冰升温 1℃需要 209 焦耳的能量（这就是所谓冰的比热容），这种能量是以热量形式从液体中“偷”来的，所以鸡尾酒就会变冷。

当然，这种能量交换只有在鸡尾酒的温度高于冰块时才起作用。冰块融化的温度通常和液体结冰的温度是一样的：0℃，但是大多数鸡尾酒的温度低于 0℃，而有些鸡尾酒的温度可能低达零下 10℃。之所以能达到这么低的温度，是因为酒精和水的混合物的冰点比水低。然而，既然融化的冰块表面温度为 0℃，我们又怎么能把鸡尾酒冷却到 0℃以下呢？

答案就寓于问题之中：这个过程是通过融化实现的。将100克的冰加热1℃只需要209焦耳的能量，实在微不足道，而将100克的冰融化成100克的水则需要33400焦耳的能量，这听起来令人惊讶。这就是冰的熔化热。就像加热过程一样，融化冰块所需的能量来自液体的热量，这就会使鸡尾酒的温度降低。

事实上，冰块的冷却能力主要来自融化的过程，而不是因为冰块本身的温度低。这一点可以通过一个简单的实验来证明：您可以冷冻一些大块的卵石，然后将它们的冷却能力与同等重量的冰进行比较。拿两个玻璃杯，一个杯子里放冰块，另一个杯子里放冷冻过的卵石，然后倒入您所选的烈酒，搅拌一分钟。装着卵石的杯子里的酒尝起来要更温暖。原因何在？因为卵石不会融化。

如果您用水做这个测试，您会发现无论加多少冰，水的温度都不会降到0℃以下。在0℃时，冰和水达到平衡状态，融化冰块所需的能量与冰块的抗融化能力相平衡，因此冰和水的状态基本保持不变（见下文）。

鸡尾酒的情况就不一样了，酒精和水混合之后冰点较低。以马提尼为例，您在0℃以下搅拌时，马提尼的温度会继续下降，冰块会继续融化。这是因为鸡尾酒虽然是冷的，但仍然有热量。即使冰和鸡尾酒的温度都在0℃以下，这种热量，特别是加上搅拌或摇晃的动作时，足以融化冰块的表面。鸡尾酒会越来越冷，直到接近酒的冰点，达到平衡状态。

过度稀释之谜

鸡尾酒被稀释得太过曾是困扰我们这一代调酒师的一大难题。我们被教导要在搅拌或摇和结束后立即将鸡尾酒倒入酒杯，避免持续被稀释。事实证明，这种策略并不高明。后来的科学研究告诉我们，鸡尾酒一旦达到平衡状态，几乎就不会再被稀释。原因如下：

一旦鸡尾酒接近冰点，冷却速度就会放缓，最终稳定下来。这是因为鸡尾酒在保持液态时不会继续变冷，按照这一逻辑，静态温度的酒会保留住其所有的热量。由于没有热量就不能融化冰块，所以摇壶或调酒杯中的冰几乎会停止融化。

此时，冰和鸡尾酒会联合起来，向每一焦耳热能开战。最值得注意的是周围的环境：温暖的空气，酒杯或调酒器，还有您的手。冰块会继续缓慢地融化（但并没有升温），以保持平衡，同时会稀释鸡尾酒，降低酒精体积分数（ABV），提升最低液体温度。最后，酒会恢复到室温状态。当然，除非您先喝了！

鸡尾酒中的冰

如果您是本书的普通读者，只是在家里自制鸡尾酒，那您可能没有价值3000英镑/4000美元的星崎制冰机或Kold-Draft制冰机这样的奢侈品。令人遗憾的是，从商店里买的袋装冰一般都是不均匀的空心小冰块。用买的小冰块制作摇和鸡尾酒还可以，但是用于搅拌鸡尾酒就很难令人满意了，在调好的鸡尾酒中加这样的冰块更是让人无法接受。自己动手制作冰块更好，更便宜。事实上，我建议专门用一个冰箱冷冻抽屉制冰。

如今，网上有几十种制冰模具可供选择。如果您在家制冰，您需要准备大量用于制作3厘米冰块的托盘。摇晃和搅拌所有种类的鸡尾酒都需要这种冰块，所以您会需要大量的冰块。养成制冰和储存冰块的习惯，真到需要的时候就不会无冰可用。

无论是在酒吧还是在家里制冰，都应考虑买一些5厘米冰块的模具。这种冰块放在岩石杯里很漂亮，您甚至可以用碎冰锥把它们修成球状。最好买一个能制作完美球形冰块的模具，但我发现，酒里完美的球形冰块简直太完美了……我宁愿随时都有棱角分明的冰块可用。

不过，您如果想要最漂亮的冰块，根本不用费心去买任何模具。晶莹剔透的冰可以在家里用冰箱制作，需要的只是计划、时间和耐心。不过，只要看一看本书中一些漂亮的鸡尾酒图片，您就会知道，这绝对值得一试。

制作透明的冰

当水中的杂质和溶解气体导致冰晶打破其均匀的结构，在大大小小的冰块中形成气泡时，冰看起来就不再透明。为了解决这个问题，制冰厂用机器将数百升水冷冻成巨大的冰块，水从底部开始结冰时用搅拌器在上面搅动。这样一来，所有溶解在水中的气体、灰尘和矿物质都会集中到顶部的液体里，下面只剩下晶莹透亮的冰。湖泊结冰时，自然界也有类似的表现，只不过结冰的顺序是从上向下，因为导致湖水结冰的首先是冷空气。

在家里制作透明冰的最好方法是重现湖泊的环境（当然不需要鱼）。这可以通过一个绝缘的冷却盒来实现，把冷却盒装满水，放进冰箱里冷冻。冷冻前最好将水煮沸，然后再冷却。过滤水比自来水或矿泉水更可取。由于盒子的侧面和底部是绝缘的，冰会从上往下结冰，把大部分杂质推到盒子的底部。

这样制冰的诀窍，是在冷却盒底部还有 20% 的水未结成冰时把盒子从冰箱里拿出来。这可能需要 2~4 天的时间，具体时间取决于冷却盒的大小。倒掉未结冰的液体后就大功告成了。如果冷却盒拿出来得太晚也没关系，您只需要把冰块的不透明部分切除即可。

切冰

我推荐三件处理冰块的工具：一把长锯齿刀，一把木槌和一把凿冰器。不是您登山用的那种冰镐，而是末端带有一个或三个尖刺的凿冰器，用途就是切割冰块。这是一种无法用其他厨房工具轻易取代的工具，所以值得投资。

10 年前，我非常擅长在一分钟内把一大块冰凿成一个不完美的球体（想想月亮的形状）。不过这种情况现在已经不会再发生。这其中的诀窍就是小心翼翼、有条不紊地修剪冰立方体的所有边角。优秀的冰雕师可以在几乎不浪费冰，也没有多余动作的情况下做到这一点。

锯齿刀和木槌适于把大块的冰分解成更容易处理的小冰块。您把大块的冰块从冰箱里拿出来后，最好先在旁边放置一会儿，让冰受热。这个受热的过程会使冰稍微变软，就像冰淇淋一样，这样就更容易把冰块切成统一的形状。

把冰放在防滑面上（湿茶巾或酒吧垫都可以），然后用刀的锯齿形刀刃在冰块上划线。接着用木槌轻敲刀背，将冰块劈开。在我的酒吧里有一个专门用于这个过程的冰锯，非常专业，冰锯有可能是从日本运回来的。

SHAKING & STIRRING

摇和与搅拌

加冰鸡尾酒在静置时仍然会变冷，但这需要相当一段时间。这是因为静态液体与冰的接触面有限，所以热量的分布是不均匀的。融化的冰会黏在冰块的表面，阻碍冰块继续融化，而在几毫米之外（例如靠近玻璃杯的边缘），鸡尾酒的温度会更高。要想进一步冷却鸡尾酒，必须依靠相邻的含冰液体的较低温度，来慢慢抵消掉杯中其他液体的热量。我喜欢将之比作一个大型派对，派对上每个人的脚都被吸在地面上，只有围着自助餐桌的客人才能吃到食物。

无论是搅拌还是摇和，混合都能提高冷却过程的效率。

摇和

要冷却鸡尾酒，摇和可以说是最为快速实际的方法（见第 33 页“混合”部分的内容）。第一个原因是，鸡尾酒在摇酒壶和冰块之间迅速扩散，增加了酒和冰的接触面积，从而加快这两种物质之间的热量交换。这也意味着，摇和的速度越快，鸡尾酒的冷却就越快。第二个原因是，在整个摇和过程中，冰块碰撞、破裂，增加了冰块表面的总面积。

一般来说，摇匀后的鸡尾酒会在 10 秒内达到温度的平衡。即使摇的时间更长，对温度或稀释的影响也微乎其微。摇匀后的酒在某种程度上也会充气，因为用冰搅打鸡尾酒的动作会导致气泡在液体中停留一段时间。我们的味觉会感知到这些微小的气泡，它们在某些情况下可以深刻影响鸡尾酒的触觉体验和口感。

在过去几年里，日本酒吧为西方的调酒业做出了许多伟大的贡献，其中最有用的是为我们提供了大量可供选择的优质酒具和工具。

来自日本酒吧的另一个重大影响就是，很多西方调酒师已经重新考虑摇和鸡尾酒的方式。我第一次听说“日式摇酒法”时，还以为这是一种独特摇酒的方式（这样想也有道理），不过问题是，这种摇酒法究竟独特在哪里？

日式摇酒法旨在以一种极为特定的方式晃动摇酒壶，让冰四下反弹。这看起来就像是冰在跳舞，不过舞伴是摇酒壶。这样做的用意很简单，就是让鸡尾酒的口感更好。该技法的创始人是东京 Tender Bar 的上田和男，他坚持认为这样摇酒在各个方面都更胜一筹，但我自己在做过的实验中发现，只要摇酒的速度不是过于缓慢，摇酒的方式对鸡尾酒的温度或稀释并没有太大的影响。

所以，科学再次战胜了经验。

剩下的只有曝气元素。遗憾的是，测量曝气程度和黏度实在太难了，需要深入地定性测试，才能真正确定是否能通过剧烈的摇晃调制出更好的鸡尾酒。

搅拌

关于搅拌，最重要的一点是，要花相当长的时间才能达到真正的低温。搅拌时，冰和鸡尾酒的相互作用要比摇和时慢，所以您需要更长时间。在我做过的试验中，将两杯马提尼搅拌到摇和 10 秒后所达到的温度，至少需要 90 秒。

现在，假如您认为一杯酒搅拌 90 秒后会变得更稀，倒也可以理解。毕竟，液体与冰接触的时间更长，冰就会融化！这是正确的，但同样正确的是，冰没有热量就不能融化。冰会从鸡尾酒中提取热量，使其冷却。无论是搅拌、摇和，还是装在酒杯里静置，其物理原理都是相同的：没有稀释就没冷却，反之，没有冷却就不会有稀释。

鸡尾酒的温度和稀释度是相对的，只是各自所花的时间不同，才让它们之间有了差异。

表面积

混合是增加鸡尾酒和冰块表面接触面积的一种方法。另一种方法是增加冰块本身的表面积。最常用的方法就是使用更多的冰。更多的冰意味着更大的表面积，而您增加了散热资源的整体尺寸，这意味着您也有可能冷却更多的鸡尾酒。还有一种加快冷却速度的方法是使用小冰块，更好的选择是用碎冰或冰屑。小冰块的表面积和体积比更大，所以用碎冰调成的鸡尾酒通常会在几秒钟内达到令人满意的温度。

用于调酒的冰块的形状和大小，几乎不会影响鸡尾酒的最终温度和稀释度（对此下文会有说明）。无论是碎冰、方冰，还是砸开的大块冰，最终都会实现相同的稀释度和温度。冷却时间还和表面积有关，减小表面积会延长冷却的时间。

那么小冰块是最好的吗？不一定。碎冰存在的问题是，它往往是湿的（请耐心听我解释）。冰块的融化是由外向内的，如果让它静置，一层薄薄的水很快就会覆盖在冰的表面。这对于冰块来说当然不妙，对于碎冰可能就是灾难，因为冰的表面积很大。大的表面积意味着表面会接触到更多的水。把碎冰加入鸡尾酒中时，冰表面的水会立即稀释酒。这就形成一种反馈回路，立即稀释还意味着冰的冷却工作会变得更加困难，因为冰要同更多的液体角逐。这款鸡尾酒的量现在变得更大，需要融化更多的冰来加速冷却，也就会形成更大的液体容量。

这对调酒师而言是残酷的连锁反应，最好能避免发生。我的建议是使用重新冷冻的冰，或者在使用前过一下沙拉旋转器，或者把冰放在布袋里晃荡，排干冰表面的水。您会很惊讶地发现，冰块之间竟然隐藏了那么多的水！

非常流行的手工碎冰存在的问题是，碎冰的表面积小，会影响将鸡尾酒搅拌到可接受的低温所需要的时间。球体在这方面表现最差，因为球体的表面积与体积比是所有三维形状中最低的，而且，单个大球体在混合调酒杯中搅拌时倾向于沿垂直轴旋转，这就导致冷却效率极低，可能永远也达不到理想的低温。所以，把大块冰留给调好的鸡尾酒吧。

鸡尾酒里用什么冰最好？

尽管在调制好的鸡尾酒中加入大量手工碎冰有强烈的争论，但是不要让理智制约了好奇心。

有些鸡尾酒与标志性的视觉吸引力密不可分，这些鸡尾酒已经被记载进了相关的酒谱，在调制这些鸡尾酒时必须非常小心，要尊重历史。例如，朗姆酒碎冰鸡尾酒（见第 215~216 页）这样的酒通常需要碎冰，其快速冷却能力是一部分原因，另外的原因则是，碎冰在鸡尾酒的呈现中扮演了重要的角色。

您如果喝过加了冰的莫吉托，也许能注意到薄荷会黏在一起，而且很可能浮在酒的表面。借助碎冰，调酒师可以把薄荷叶包裹在层层的碎冰之间，均匀地分布在酒杯里，将视觉冲击从静态的冰坨变成分层的、冰冷的、充满薄荷叶的冰川，这冰川无可挑剔。

同样，碎冰蕴含的热带风情，与锈钉（Rusty Nail）之类的鸡尾酒毫无关联，与锈钉鸡尾酒相称的是充满诱惑、烟雾缭绕的氛围（见第 235~237 页）。

对于古典鸡尾酒（Old Fashioned）来说，一块手工凿出来的冰能完美地折射出与酒交相辉映的沉思。

混合

既然表面积是鸡尾酒冷却速度的最大决定因素，搅拌机自然是目前最有效的冷却工具。一台好的搅拌机可以在不到 10 秒钟里把冰块和烈酒调制成冷得恰到好处的冰沙鸡尾酒。

与直接加冰块的鸡尾酒不同，搅打过的鸡尾酒中会悬浮着微小的冰颗粒。无论您是用吸管喝，用勺子喝，还是大口大口地喝，在喝的过程中，您都不可避免地会喝到酒中的冰。为获得恰到好处的冰沙口感，我喜欢在鸡尾酒中加入约 1.5 倍的冰，这大大稀释了每一口酒的味道，所以您需要在一开始就调制出相当强劲的鸡尾酒来弥补这一点。

同样值得记住的是，当鸡尾酒变冷时，甜味会被抑制。因此，如果要将经典配方变成混合配方，通常需要增加糖分。

材料

如果不对材料进行简要的说明，这一节就不完整。直到最近，我才对用来搅拌和摇和鸡尾酒的材料产生了强烈的兴趣，同时也对它们如何影响温度和稀释度更加好奇。早期的测试结果表明，根据摇酒壶或混合调酒杯的导热性和热质量，鸡尾酒的温度及相关稀释度存在巨大的差异。我猜想，在不久的将来，我们会根据鸡尾酒的目标温度和稀释度，为特定的鸡尾酒选择相应的调酒工具。

就像冰和酒一样，摇酒壶和混合调酒杯的材料储存着有可能融化冰的能量。这里所说的冰的融化与我们之前讨论过的不同，它不是使鸡尾酒变冷，而是让摇酒壶 / 调酒杯冷却。诀窍就是，选择一只尽量限制稀释的调酒杯或摇酒壶（如果想让您的鸡尾酒味道更淡，可以在搅拌前加水）。

薄材料的热质量比厚材料的小，所以最好使用壁薄的摇酒壶和调酒杯。这通常意味着选择金属摇酒壶而不是玻璃摇酒壶，因为玻璃越薄就越易碎。然而，大多数金属存在的问题是它们的热导率相当高。也就是说，它们热得快，冷得也快。有些材料热导率低，人人皆知，如塑料和泡沫聚苯乙烯，因此它们会被用作冷藏箱或冰箱的绝缘体。

最终的解决方案就是使用低导热性材料制成的轻型摇酒壶。这自然会让我们想到塑料。虽然塑料不是最引人注目的摇酒壶材料（冰块在塑料摇酒壶里也无法发出在金属摇酒壶里的悦耳声音），但它却是您能买到的最常见的摇酒壶。

另外还有一个办法，就是使用在冰箱里冷冻过的高导热性调酒杯或厚重的摇酒壶。高度热材料可充当鸡尾酒的散热器，将能量吸收到存储热量的物质中，积极协助加快冷却过程。所以，您可以在冰箱抽屉里放一只加厚玻璃调酒杯。

SUGAR & SYRUPS

糖和糖浆

本书介绍的鸡尾酒中，只有一种完全不含糖，那就是公牛子弹（Bullshot）（见第127~129页）。其余的鸡尾酒都带有甜味，有的鸡尾酒添加了白砂糖、蜂蜜和其他甜味剂，有的是用利口酒、甜酒或苦艾酒。糖在鸡尾酒中扮演着重要的角色，尤其能突出花香、水果和草药的特征，提升轻盈的口感，增加绵长的回味。

我喜欢使用糖浆，只有在少数情况下才会建议用砂糖代替糖浆，比如要制作含有混合水果成分的鸡尾酒时。砂糖作用在果皮上，就像是去角质剂，可以让鸡尾酒的口感柔和愉悦，例如使用整块青柠檬的T缤治（Ti Punch），又如需要搭配橙皮的古典酒。当然，您可以将橙皮同糖和水搅拌，然后用平纹细布或粗棉布过滤，来制作风味糖浆。但是，某些鸡尾酒富有仪式感的独特调制方式已经成了它们的代名词，如果我们舍弃了仪式感，采取更快速、更统一的调制方式，这些鸡尾酒反而会失去它们的独特魅力。

我制作糖浆的方法是将按重量计算的两份糖和一份水混合（我称之为2:1糖浆，这本书中提到的糖浆都是这样制成的）。把糖和水倒入平底锅，用小火加热几分钟，一边加热一边搅拌，直到混合物变清，糖完全溶解。如果您是

第一次制作糖浆，可能会对此感到惊讶：混合物中的糖是水的两倍，又怎么会形成液体糖浆呢？但事实的确如此。

有些调酒师喜欢按一份糖一份水的比例制作糖浆(1∶1 糖浆)。这样制成的糖浆不那么甜。如果您按照比例的数字推断，认为1:1 糖浆的甜度就是2:1 糖浆甜度的一半，您就想错了。一罐容量为 25 毫升的 2∶1 糖浆中含有 16.6 克蔗糖，而同样容量的一罐 1:1 糖浆中含有 12.5 克蔗糖，所以 2∶1 的糖浆实际上要比 1∶1 的糖浆甜 33%。换句话说，如果您的配方需要 10 毫升 2∶1 的糖浆，您就需要用 15 毫升 1∶1 的糖浆。我用 2∶1 糖浆，既因为这种甜度的糖浆更容易保存(糖是天然的防腐剂)，也因为我不想往鸡尾酒里额外加太多水。

所有糖浆都应该存放在冰箱里，在常温下放置太长时间会发霉。如果您打算仅将糖浆用于含酒精的鸡尾酒，可以考虑其中加入伏特加。哪怕糖浆中的酒精含量仅为 5%，保存时间也会是无酒精糖浆的两倍左右。要制作酒精含量为 5% 的 2∶1 酒精糖浆，只需将配方中 20% 的水换成伏特加(要在糖浆混合后的冷却过程中完成)。

除非另有说明，我选用的糖浆都是用白砂糖制成的，白砂糖是 100% 的蔗糖。蔗糖本身由一个葡萄糖分子和一个果糖分子结合而成。大多数糖都对人体有害，而果糖是血糖指数最高的糖之一，与Ⅱ型糖尿病直接相关。但是使用糖浆是很难避免的。

第 19 页提到的甜味剂还包括等量果糖和葡萄糖(蜂蜜)，或者含有少量葡萄糖的蔗糖与果糖的混合物(枫糖浆)，龙舌兰糖浆除外。龙舌兰糖浆的主要成分是果糖，因此，是所有常用的鸡尾酒甜味剂中最不健康的。蜂蜜、枫糖浆和龙舌兰的含糖量都在 70%~80% 之间，所以比 2∶1 的糖浆稍微甜一点。

低热量和无热量的甜味剂并非我酒吧里经常使用的产品。这是因为我要权衡味道和血糖指数。在某些情况下，替代糖的残留风味能提升鸡尾酒的特点，例如大米麦芽糖浆的坚果味，在某些情况下则相反，例如甜菊糖和木糖醇的加工味道就很难与鸡尾酒融为一体。

糖浆中几乎可以添加任何原料，方法就是将其风味提取到水中，过滤，然后加糖。在第 45~50 页详细介绍了通过浸泡萃取香味的各种方法，将为您提供很好的帮助。

SEASONING COCKTAILS

给鸡尾酒调味

给鸡尾酒调味并不是我们通常认为必须做的事情。我们在厨房里大显身手时，通常会用咸味、酸味和鲜味来提升菜肴的口感和味道。那我们调制鸡尾酒时该怎么办呢？

盐

众所周知，适量的盐可以改善风味。在过去的几年里，我越来越多地尝试着把盐应用到鸡尾酒中，原因很简单，就是加一小撮盐后味道会更好。盐能抑制苦味和涩味，就像烹饪菜肴一样，因此可以有效地提升鸡尾酒的口感。

不过，与烹饪菜肴不同的是，在大多数情况下，鸡尾酒中的盐应该是尝不出来的。对我来说，这意味着要把盐的用量控制在鸡尾酒总重量的0.25%~0.7%。

传统上，碱性盐会被用于生产作为酸性缓冲剂的气泡水和软饮料。盐有降低酸度的作用，因此可以用来淡化碳酸水中让人不舒服的碳酸。碱性盐还用于生产酸性磷酸盐，这是一种制作调味苏打水的传统酸味剂，通过向磷酸中添加盐制成。

我倾向于使用传统的海盐（氯化钠）薄片。它们易于处理，溶解性高，与其他固态配料（例如调味盐）混合时，可以很好地提取风味。不过，盐当然也有替代品。培根正成为一种常用的咸味原料，既可以用于洗去油脂——将油脂与液体混合，使其稳定后过滤掉——或者把培根直接用于烈酒和利口酒。

酱油、味噌和鱼露的盐度都相当高，请小心使用并了解它们的风味，然后再把它们丢进鸡尾酒里。虾酱具有咸味和甜味交融的特点，我第一次在血腥玛丽（Bloody Mary）中尝到虾酱时，味蕾真的是大受震撼。

在酒吧吧台后面放一瓶盐水，已经是司空见惯的事了。如果鸡尾酒需要某种东西来平衡口感并整合味道，就会用到这瓶盐水。只要将 1 份盐和 10 份水混合（按重量计算），储存在一个苦精瓶或一个带吸管的瓶子里就可以了。

酸

调酒师历来擅长使用柠檬和青柠作为酸味剂。它们很好地平衡了甜度，并给鸡尾酒增加了果味。酸在许多饮料中都很重要，因为一定程度的酸会激活舌头旁边的唾液腺，从而产生大量的唾液，让鸡尾酒在您的嘴里沙沙作响。柑橘类水果有很多替代品，在很多情况下也非常划算。

柑橘

对很多调酒师来说，使用柑橘是显而易见的选择。柑橘是天然的，很容易储存。新鲜柑橘挤进鸡尾酒时，可以产生戏剧性的效果，而且香气盎然。

青柠的 pH 值往往比柠檬低 (1.8：2.3)，但两者的纯酸浓度都在 5% 左右。青柠包含柠檬酸和抗坏血酸（维生素 C），而柠檬几乎完全是柠檬酸。橘子和葡萄柚的 pH 值相似，大约是 3.7(橘子含有更多的糖分，所以感觉不那么酸)。

就我个人而言，我更喜欢现榨的柑橘汁，部分原因是从果皮挤入果汁中的芳香油氧化程度最低。有人建议存放几个小时来改善果汁，但大家更认同柠檬汁和青柠汁应该当天榨取，当天使用。

纯酸

添加酸味剂有一个最省钱、最简单、最不浪漫的方法，就是直接购买纯粉末状的酸。以前，我常在稀释酸的时候借助 pH 测试工具，但后来发现这没有意义，因为它与酸性物质的实际味道没有多大关系。舌头品出的是溶液中酸的浓度，而不是 pH 值 (pH 值是指游离氢离子浓度指数)。因此我们最好只是品尝酸味，把酸味剂混合在鸡尾酒里，并使其酸度达到可接受的水平。值得庆贺的是，下面列出的大多数有机酸都含有类似的酸性分子，因此很容易相互代替。

醋酸：醋里含有醋酸，是为数不多的具有芳香品质的酸之一。用在果汁甜酒里，适于调制开胃的鸡尾酒（如果对您的口味）。下面有更多的介绍。

抗坏血酸：纯维生素 C，这说明它天然存在于大多数水果蔬菜中，口感酸爽。

柠檬酸：存在于柑橘类水果中，尤其是柠檬。鲜明、刺激、清醇……的确有点像柠檬。

乳酸：存在于乳制品和发酵食品中。味道像烧煳的牛奶、酸奶油、白脱牛奶以及各种发酵食品，例如德国泡菜。

苹果酸：在青苹果和油桃中发现的酸。它带有果味，鲜明、干脆，比大多数酸更加绵长。

酒石酸：葡萄中含有酒石酸，味道浓烈。

其他水果

有很多果味替代品可以代替切好的柑橘类水果，其中一些可以本地采购。采购时请注意产地，是否可以持续供应，尽量避免长途运输。以下是常见水果中主要酸的简要介绍。请注意：下面的许多水果都含有微量的其他酸，我在表中只列了可以检测出的酸。

醋

醋用于鸡尾酒听起来似乎有点奇怪，但若用量适中，或者配上柑橘汁，可以回味悠长。醋中含有醋酸，酸度会随着风格的不同而变化。有些醋，比如意大利香醋，比其他醋的酸味明显得多，使用前请记住这一点。

水果	柠檬酸	苹果酸	酒石酸	草酸
苹果		✓		
蓝莓	✓			
樱桃	✓			
蔓越莓	✓	✓		
葡萄干	✓		✓	
醋栗	✓			
葡萄		✓	✓	
猕猴桃	✓			
柠檬	✓			
青柠	✓	✓		
油桃		✓		
橘子	✓			
百香果		✓		
桃子		✓		
梨		✓		
菠萝	✓			
大黄桃	✓	✓		✓
草莓		✓		
番茄	✓	✓		

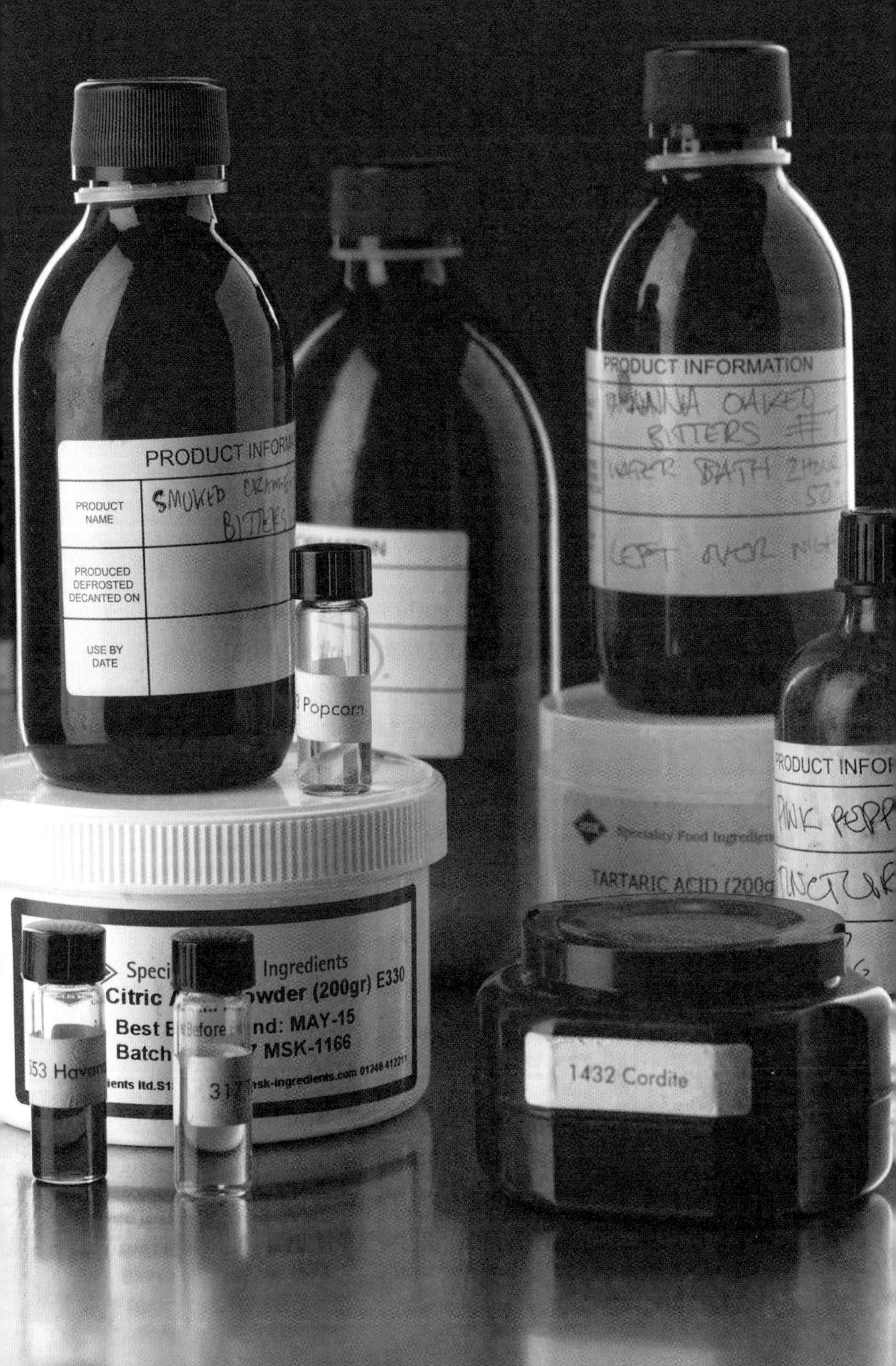
PRODUCT NAME
SMOKED
BITTERS
PRODUCED
DEFROSTED
DECANTED ON
USE BY
DATE
Popcorn
PRODUCT INFORMATION
OAKED
BITTERS
BATH
LEFT OVER
PINK
Ingredients
E330
MAY-15
MSK-1166
TARTARIC ACID
1432 Cordite

INFUSIONS & EXTRACTION

浸渍与萃取

近年来，自制烈酒、苦精、利口酒和酊剂已成为调酒技术的主要组成部分。虽然经典鸡尾酒的调制方法基本上不需要自制原料，但是不论是业余的还是专业的，任何一个崭露头角的调酒师只要下定决心调制很棒的鸡尾酒，就一定会乐于制作一流的调酒原料。这些原料的制作过程都可以称为“浸渍”。

浸渍液可以存储起来并重复使用，保证口味不会变质。例如，制作红醋栗利口酒会有更长远的好效果，而且可以节省时间，不用每次调酒的时候都必须现把红醋栗和糖混在一起。

我们有许多种方法可以在烈酒里添加别的风味，或者用水来做浸渍液。就性质而言，酒精在接触到浸渍材料之后，可以对材料中的可发挥性混合物起到很好的分离和悬浮的作用。浸渍和萃取是制作许多风味烈酒和利口酒的基本方法。

基本原理

从微观的角度来说，液体浸渍效率受到被浸泡颗粒的大小、重量、温度、压强和酒精浓度的影响。

人们普遍认为，把东西切成一半大小会使它的浸泡速度加快 4 倍。这不仅会极大地影响您浸泡酒的时间，还会影响您需要使用多少香料、药草或水果。只要颗粒不是细小到事后过滤不掉，尽可能把食材剁碎或研磨得越细越好（见第 65~69 页关于净化的内容）。

密度和强度比尺寸更难测量。例如，粉红胡椒的香味和结构强度比白茶要浓郁得多。所有材料都是不同的，每一种常用的原料都需要列出相关的浸泡时间和分量。在这本书中，我推荐对原料进行称重，并根据所需的浸泡液的分量决定该加入多少。例如，对于香草味的伏特加来说，只需要在 100% 的伏特加中加入 3% 的香草（即每 100 克伏特加加 3 克），并在室温下浸泡 24 小时。

这样做的目的，就是在适当的压力和温度下浸泡食材，浸泡的时长取决于何时能最好地提取出食材中所有优点，而非不良的、涩味或苦味（除非您需要的是苦味！）。

加温浸泡可以加速几乎所有物质的提取过程，并且可以提取在低温下无法获得的可溶性物质。在最简单的形式中，加温浸泡就是利用一个平底锅和铁架 / 炉子。对于许多配料来说，这是最快和最有效的浸泡方法，在制作调味糖浆和利口酒时也是极好的做法，因为溶液加热的同时糖也会被溶解。这样做的缺点是材料可能在加热过程中变质。果皮在持续的高温下会被炖熟，草药会释放出难喝的带苦味的叶绿素，花的微妙香味会被一般的植物特性掩盖。

浸泡

最常见最简单的浸泡形式是将香草、香料、坚果或水果加入水（通常加糖）或酒精中。根据您要浸泡的材料，可以选择冷浸泡或热浸泡。为取得最佳效果，浸泡需要的时间可能是一个小时，也可能是很多年。

几乎每一个调酒师都会承认，他们第一次尝试浸泡时使用的是一瓶伏特加，一种香草或水果，以及一个热咖啡机或一台洗杯机。

尽管使用了很多现代方法来注入风味，但在酒里加入一些香草仍然是一种十分有效而且经济实惠的方式。部分原因是该方法成功地锁住了浸渍液。

想想看，当一个厨师做了一份美味的高汤，房间里会充满高汤的美妙香气，而所有的香气都是高汤本身挥发出的味道。想见保持浸泡材料的密封性是浸渍成功的关键步骤之一。

真空低温烹饪

真空低温烹饪是一种精确控制的温热浸渍方法。该方法主要有两个好处：防止烹饪过程中挥发性香味的流失；实现温度的精确控制。

它的工作原理是将食材密封在塑料袋中，然后水浴烹饪。这种精确烹调肉类和蔬菜的方法被广泛应用于现代厨房，通过这种奇妙的方式，我们也可以将原料的风味溶入水和酒精。真空烹饪在自制鸡尾酒配料时具有很大优势：精确控制浸渍温度和时间；在浸渍过程中均匀分配热量；不用担心烧焦或过度烹饪；密封包装可以牢牢锁住香味。

真空低温烹饪是将液体（“注入者”）和固体（“被注入者”）配料倒入耐热塑料袋或自封袋。然后，把浸渍液放入加热的循环水浴中，并设定精确的温度。温度取决于您浸渍食材的种类和您希望提取的食材风味类型。一般来说，温度要设定在 50℃ ~90℃之间。

每一种食材所需要的时间长短也会有所不同，但令人惊叹的是，通过调整时间和温度，一种食材可以产生多种多样的口感，这正是真空烹饪的乐趣之一。不用太担心液体配料的比例大大超出固体配料的比例，可以尽可能多地使用固体配料。这样，您就会得到一种浓缩物，之后您可以用更多的水或酒精来稀释它，从而减少制作浸渍液的次数。

现在的趋势似乎朝真空烹饪循环器方向发展，真空循环器是一种小巧的设备，可以置于任何容器的边缘，让周围的温水循环起来。只需要设定好温度，它就会自动工作。如果没有别的办法，您也可以在炉子上放一锅水，锅里放一个温度计，仔细调整搁架，以保持温度稳定。

现在您花不到 100 英镑 /140 美元就能买到便宜的台面真空包装机，但我是不会买的。台面封口机通过把袋子抽成真空的方式运作，难免会把液体也抽出来，除非热封机的时间设定绝对正确。

腔式真空包装机可以解决这个问题，因为在密封之前，包装机会对整个腔体进行降压，所以袋内只有气泡（随着里面的沸点降低），一旦腔体再次加压，袋子就会被压缩。腔式真空包装机存在的问题是，它的价格超过 1000 英镑 /1400 美元，而且体积庞大。

灌装浸渍好的溶液的最好办法，其实是用最便宜的自封袋。除去自封袋中的空气并不难，您可以将打开的袋子部分浸入溶液，当袋子里的空气全部排出后，马上拉上“拉链”。自封袋也是可以重复使用的，所以您只需购买一次，不用扔掉任何塑料制品。

压力浸渍法

压力下浸渍配料可以显著加快浸渍的速度。用压力锅就可以实现，压力锅基本上都是带压力密封盖的大罐子，非常适用于需要大量热量才能最有效提取味道的浸渍液，因为高压锅的工作原理是提高锅内液体的沸点。

大多数压力锅都配有显示锅内压力的压力表。加入水和一些耐高温的硬香料（如牛蒡根、八角茴香、墨西哥菝葜等）。在 15 帕斯卡的压力下，压力锅里的水将在 120℃的温度下沸腾，提取出不升温时无法获得的味道。

警告：高温和酒精蒸汽融合在一起不安全，绝对不可对含酒精的萃取液进行压力烹饪！

快速硝基浸渍

另一种利用压力作为提取手段的简单而经济的方法是“氮气空化”。这种方法需要用到装填 8 克一氧化二氮的 iSi 奶油打发器。

做法就是，将液体物质和固体物质加入奶油打发器中，等待几分钟，然后迅速将气体从奶油打发器中抽出，最后过滤出液体。当气体在液体中分解

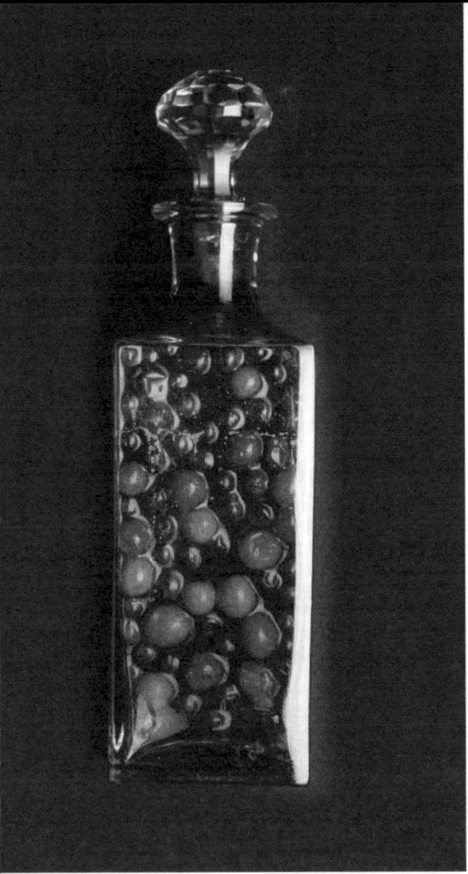

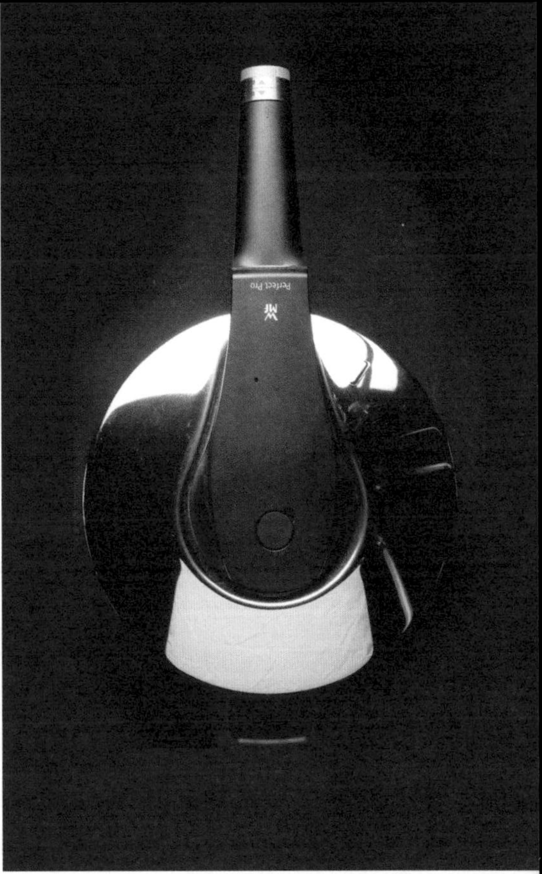

seal only
cancel
vacuum seal
SousVide
SUPREME™
vacuum sealer

时，应摇晃或摆动液体，迫使液体注入固体物质。压力被迅速释放时，液体中会形成氮气，形成产生巨大湍流的爆炸性泡沫，加快溶解的时间。这个过程重复几次，就可以在短短几分钟内产生令人难以置信的效果。

氮气空化的一个巨大优势是浸渍过程中无须加热。因此，原料的各种成分不易受高温影响而变质。最大的不足之处也许在于，与基本上免费的长时间冷浸渍相比，氮气筒的成本较高。我还发现，比起浓郁的大地气息、香料和苦味，硝基浸渍在提取清淡、充满花香味和水果味口感方面的表现更胜一筹。

硝基浸渍液最适用于多孔的固体成分，例如香料、根茎、树皮以及一些干果。新鲜水果和蔬菜的物理结构已经进化出了天然的防御机制，会阻止浸渍液的渗入。有时，把水果蔬菜切开可以解决这个问题。

为了使浸渍液获得最大的压力，最好把打发器装至推荐的最大填充线（可能是 500 毫升或 1 升）。这会减少打发器顶部空间，增加空气压力，迫使更多的氮气进入溶液。尽管对于各种规格的打发器来说，留在完全注满的打发器里的顶部空间大致相同，但打发器越大，里面的液体就越多，所以您需要注入更多的气体来达到相似的压力。

JUICING & DRYING

榨汁和干燥

有效并以适当的方式将水果和蔬菜高效榨汁，并处理它们的物理结构，对调酒特别重要。从水果中提取果汁似乎是一件很简单的事情。毕竟，您只需要动动手指就能从橘子中挤出橘子汁。但有些水果需要专业的方法，偶尔还需要使用非常规的方法，才能最好地获取流动的果汁。

这一切都始于对水果的尊重。新鲜果汁含有多种多样的复合挥发油、脂类、蛋白质、酸和糖。保留水果最好的成分对于追求鸡尾酒的美味尤为重要。话虽如此，几乎所有的榨汁技术都需要相当程度的暴力。

挤压式榨汁器

榨汁方法既包括手持式榨汁器，也包括使用沉重的铸铁（通常用插销固定）杠杆式榨汁器等工具。不管是哪一种方法，前提条件都很简单。充分挤压水果，水果细胞就会破裂，果汁通过网孔或粗滤网流出，在下方收集起来。这些工具用于柑橘类水果的确效果不错，但对其他水果则表现得很逊色。

杠杆式榨汁器的凹形碗似乎要将带果皮的一面朝下，然后把榨汁机的盖子压过软组织。其实，这并不是使用榨汁机的最有效方法。最好的选择是，把果皮朝上，然后用盖子压过果皮，这样橘子就会翻过来，榨出最多的果汁。

榨汁机

榨汁机有两种：第一种是快旋式榨汁机，基本都是离心式，利用重力作用和筛网过滤器将果汁和果肉分离。离心式榨汁机既快速又便宜，但会在废弃的果肉中损失相当一部分果汁。第二种榨汁机是研磨式榨汁机，其工作原理很像绞肉机。它包括一个旋转缓慢的开塞钻（也被称为螺旋钻），迫使水果或蔬菜钻过过滤器，从底部滴出果汁，将干果肉从末端过滤出来。磨碎式榨汁机往往很贵，速度也很慢，但榨汁效果特别好，几乎不浪费果汁。

无论您选择哪种机器，对于含水量高但又结构致密的食材来说效果都很好，比如胡萝卜、芹菜和苹果。好的榨汁机甚至可以从看似不含有液体的东西中榨出汁来，如生姜、红薯，甚至坚果。榨汁机的唯一缺点是什么呢？就是难清洗。所以最好一次多榨些汁，并考虑冷冻或储藏果汁，以备日后使用。如果把果汁冻在冰块托盘里，它们依然可以用来摇和或制作鸡尾酒，绝不会因过度稀释而受影响。

花很少的钱就可以买一台很好的离心式榨汁机，虽然榨汁效果不错，但对于要榨大量的果汁就无能为力，且部件很容易折断。如果想投资更有价值的东西，我推荐您购买欧米茄（Omega）和冠军（Champion）作为抗打的品牌，它们的产品可靠耐用，起价在 350 英镑 /500 美元左右。

冷冻榨汁法

为了榨汁而冷冻水果的做法似乎有悖常理，但这一技术对软的水果非常有效。将黑莓冷冻会在其细胞结构中形成冰晶，而后细胞会破裂。一旦黑莓解冻，用榨汁机榨取时，果汁反而更容易流动。反复冷冻和解冻会产生更好的效果。

酶催化榨汁

化学方法也可以成为追求自由流动果汁的绝佳助手。水果和蔬菜结构中的多数蛋白质也含有“抗蛋白质”或酶，可以分解将植物“砖墙”黏合在一起的“砂浆”。例如，苹果的结构主要由果胶组成（果酱和橘子酱制造商使蜜饯硬化时用的就是果胶）。把切好的水果浸渍在果胶酶溶液中可以显著软化水果，从而让果汁提取变得更容易一些。

渗透榨汁法

如果您的目的是生产糖浆或利口酒里的果汁，那么渗透榨汁法适合您。它的工作原理是，果汁里的水总是试图与其周围环境平衡，这个过程被称为渗透压。把糖撒在草莓上，放置一天左右，糖在湿润草莓表面时，会让大部分果汁渗出来。接下来再按照常规的方法榨汁，得到的果汁显然会比不加糖的更甜。

烘干

为了制作美味的鸡尾酒，把原料烘干似乎是一件奇怪的事——毕竟，没有液体的东西也谈不上喝了。这句话毋庸置疑，但烘干食材和粉状食材在调制可口饮品中有了用武之地。

几千年来，为了干燥水分，便于食物保存，人们一直将食材储存在湿度小的环境中。干草药和干果是我们每天遇到的最常见的两种干货——比如一罐牛至叶和葡萄干，它们都要经历干燥过程，但为什么呢？首先，干燥大大延长了食品的保质期；其次，它浓缩了味道。从新鲜的杏子中去除水分意味着在留在果肉中的各种风味化合物的浓度更高。所以，干制的食物可以用于增添风味，磨成粉，制成果子露，或仅仅用作装饰。

一些干燥食物或脱水的方法费用高昂，通常用于商业领域，如生产速溶

咖啡。这些方法包括用热空气喷射出稀薄的液体射流，还有一些是在低压下慢慢解冻冷冻原料。您更有可能使用便宜的柜式脱水机，或者烤箱和吹风机。

用热空气加热对食物的作用方式，就是将食物中的水分蒸发掉并降低其周围的湿度。让我们用一片苹果为例加以说明吧。高温会蒸发掉苹果表面的水分，提高苹果周围环境的湿度。持续的气流降低了湿度，水分就从果肉内部跑到表面，持续循环蒸发的过程。热空气脱水通常需要 35℃ ~80℃的温度，空气的温度越高，脱水的速度也就越快。有一点需要注意的是，在表面硬化的过程中，温度过高以及食材的外表面干燥坚硬，防止进一步蒸发水分。表面硬化正是烘烤面包时发生的现象。如果需要得到完全干燥的食材，低温和慢速蒸发可以说是最佳策略。

“粉状”液体

没有昂贵的设备，将液体干燥成粉末是很困难的，我的解决办法是把液体和糖混合。糖霜的效果很好，因为它含有少量的玉米淀粉，有助于液体变稠。将液体（烈酒或其他酒）与糖霜或糖粉混合，然后粘贴在有孔的防油纸上，在脱水机（低矮的烤箱）中放置 12 小时，温度设定为 40℃，这样就会得到一片薄薄的调味糖。可以用杵和研钵把糖磨碎，也可以用咖啡机把糖磨碎，然后把磨好的糖粉撒在鸡尾酒上，装饰酒杯的糖边也需要用到糖粉。

您还可以用同样的方法处理盐，可以为玛格丽特制作漂亮的盐边。

脱水装饰物

用干燥食材装饰鸡尾酒可以产生馥郁的香气、强大的视觉吸引力和浓烈的味道。即使柠檬片这样简单的装饰，脱水后也会有神奇的效果。而且，把脱水材料装在密封的容器里，能够保存数周之久。

我发现，与未脱水的配料相比，脱过水的配料能给鸡尾酒带来更多的味道。在戴吉利酒中放入一片脱水香蕉，比放入一片新鲜的香蕉更有味道。这是因为干燥后的配料一旦脱水，就具有吸湿性（吸水性），让酒可以从香蕉的结构缝隙进出，从而显著增加浸渍时间。

浸渍

如上所述，用脱水配料为糖浆、利口酒和柯迪尔酒提味通常更容易，也更实惠。水果和蔬菜中的水分充当保护层，在不捣碎、切碎或加热的条件下，能够防止内部结构同外界接触。脱水后，果蔬的香味就会从内部结构中释放出来。与新鲜果蔬相比，只需要用少量的脱水果蔬就能获得理想的增味效果。

FERMENTATION

发酵

发酵可以涵盖与饮料和酒精饮料的生产相关的大量主题。事实上，本书中所有的鸡尾酒（除了不含酒精的急救包，见第 178~180 页）均利用糖或淀粉的发酵进入存在状态，在这种状态下可以随意蒸馏，然后混合成鸡尾酒。

本节不打算讨论烈酒和葡萄酒的生产情况，而会讲述在世界顶级酒吧日益流行的一种发展趋势，那就是调配酒精含量低的经过发酵的汤力水。

除了姜汁啤酒和根汁啤酒是由基本酵母发酵外，发酵汤力水饮料还有很多，其中每一种都由特定的酵母和 / 或细菌培养物制成，而酵母或细菌培养物源自特定的酶作用物或材料，包括来自中美洲的丹板奇酒（tepache）和阿卢阿（alua）等果汁酵素、来自南美洲的以根茎为特色的甘薯和木薯酵素以及俄罗斯的面包酵素格瓦斯，还有开菲尔系列的饮品，它使用白色球状的多功能酵母 / 细菌培养物，以及超级流行的康普茶（见第 59 页）。康普茶是利用凝胶状圆盘发酵甜茶的结果，制作时也被称作 SCOBY（细菌和酵母的共生菌落）。

所有这些发酵都有一些共同之处（酸甜平衡、据说有益健康、轻微起泡），但每一种发酵方式均可产生独特的风味，这就要根据发酵的食材和想要的结果而定。

在调制鸡尾酒的过程中，发酵可以代替水果搅拌机，补充鲜味、草药味和青草味。它们还可以单独作为烈酒的混合剂，代替汤力水和姜汁啤酒。一款好的发酵饮料也可以是一种独立饮品，不需要再添加其他配料。

或许，发酵过程中最重要的原则是保持干净。我们要为酵母和细菌培养物的繁衍创造完美的条件，因此需要确保细菌的生长是人工培养的而不是感染。开水和消毒片是您的好帮手，请务必对有可能接触到发酵物的器具进行严格消毒。

100% 基于酵母的发酵一定要避免细菌进入，这是一条特别重要的原则，因为细菌会破坏发酵。制作康普茶和开菲尔酒时，对清洁的要求可以不那么苛刻，因为这种饮品特意含有大量的细菌培养物，以保护发酵过程免受其他培养物的影响。

发酵的应用

大多数发酵的时候需要将产品储存在温暖的环境中（20℃ ~24℃），尽可能减少自然光线（紫外线会杀死酵母菌和细菌细胞）。发酵所需的时间与温度有关。这就是为什么在冬天酿造一批康普茶需要几周，而在夏天只需几天。

涉及 100% 酵母的发酵（比如我的桶装香蕉威士忌姜酒配方，见第 165~166 页）在封闭的环境中效果最好，因为可以防止饮品受到污染，并且在酿造过程中限制氧气的供应，提高酵母的效率。然而，发酵会产生二氧化碳（见下文），这就需要通风，以避免因压力增加而引起爆炸。对于小规模的发酵，我们通常在桶、大瓶顶部安装廉价气锁阀。常规的啤酒酵母通常效果都很好。探索传统上用于某些啤酒或葡萄酒的酵母菌株，比如香槟酵母，也很有趣。

正如您所预料的那样，这些酵母发酵时，会与相配的葡萄酒或啤酒一致（在风味、气泡声和潜在的酒精浓度方面）。

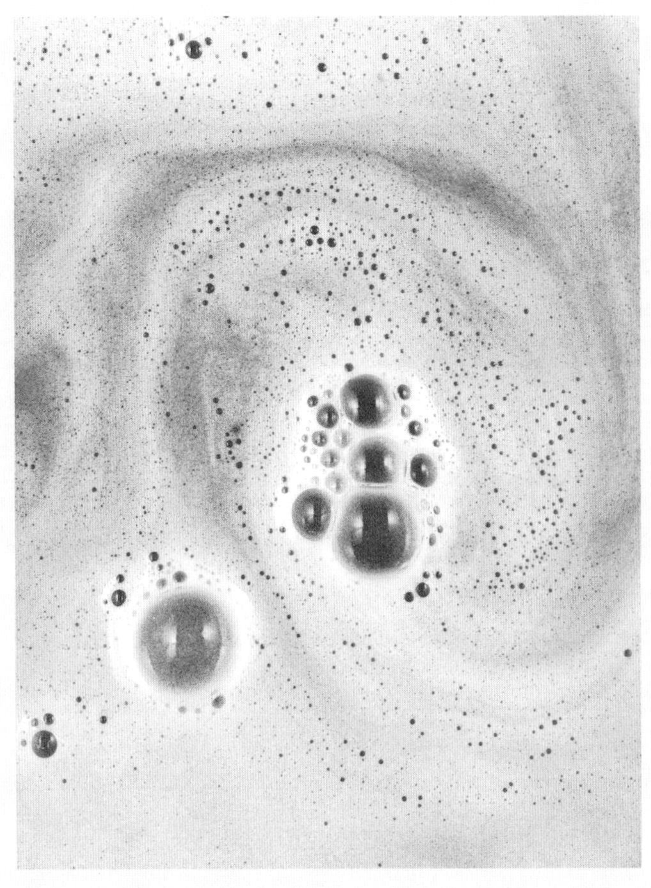

开菲尔和康普茶

对于开菲尔和康普茶的发酵来说，氧气不是问题。最终结果不是酿酒，而是提升酸度和口感。

我倾向于在用布盖住并用橡皮筋盖封住的 2 升广口罐子里生产这些酵素。制作这两种酵素时，首先需要获得细菌和酵母的共生菌落——SCOBY（开菲尔的 SCOBY 通常被称为“谷物”，尽管根据定义它们也是 SCOBY 的一种)，在此，您将储备更多的知识。

碳酸化发酵

在加压二氧化碳成为软饮料碳酸化的首选方法之前，所有的饮料都是通过自然发酵来碳酸化的。

如果敞口容器（如康普茶或开菲尔）得到的酵素活性很高，可能会有轻微的气泡，但是如果把酵素迅速放入密封的瓶子里，就可能会产生巨大的碳酸反应（注意：这可能有危险，见下文）。这需要在酵素仍然活跃的时候完成，在酿造中还有存在未发酵的糖。一旦进入密封的瓶子，酵母将继续产生二氧化碳，但由于无处可去，二氧化碳就会溶解到液体中。需要的时间取决于您想要多少气泡量，有时只需要几个小时，有时可能需要几天。诀窍就是，在瓶子爆炸前将酵素冷藏，从而使酵母失去活性。

您也可以在装瓶时（称之为“起料”）在发酵液中再添加一点糖，这样酵母就有了生成二氧化碳的材料。如果大部分糖已经在发酵过程中消耗殆尽，这也可以帮助增加成品剩余糖分的含量。

衡量什么时候才能产生足够的气泡是个棘手的问题：如果时间太短，成品可能气泡不足，而且过于甜；如果时间太长，就有爆炸的危险，或者会在打开饮料时产生剧烈的泡沫，甜度反而不够。要反复实践，方可熟能生巧。

鉴于有爆炸的风险，我乐于至少把部分发酵批次装在带螺旋盖的塑料瓶里。快速挤压瓶子可以显示出里面压力的大小，您可以用从商店里买的碳酸水做比较。使用塑料瓶子的好处是，您可以把剩下的部分装入带拉盖的瓶子里，甚至像啤酒瓶那样使用卷边盖。可以用塑料瓶做气压计，用玻璃瓶做展示。

记住，玻璃瓶看起来更真实，因此别具魅力，但是最能让业余调酒爱好者尖叫的，就是在您手里砰然炸裂的碎片四溅的玻璃瓶。

FILTERING

过滤

我已经介绍了混合鸡尾酒的基本过滤器（见第 7~8 页），但是您还需要更多的过滤工具来准备浸渍和制作配料。一把大的厨房用漏勺是个很好的选择，无论从首次购买还是从适用各种形式的过滤来看，漏勺的孔洞足够大，不会轻易被堵塞，您可以把大量液体倒进漏勺，不过如果液体很多，这也会施加向下的压力，使液体快速通过过滤器，加快进程。

平纹细布 / 粗棉布会将过滤效果提升一个层次。没有多少固体能穿过平纹细布 / 粗棉布，而且它们价格便宜，可重复使用（务必使平纹细布 / 粗棉布保持干净）。布与漏勺也很搭配，可以像往常一样简单地在漏勺上衬上平纹细布 / 粗棉布后进行过滤。

如果平纹细布或粗棉布还不能满足您的过滤需求，接下来您可能需要使用超级袋。这些袋子实际上只是个袋子，价格相当昂贵，但它们在过滤方面非常出色。超级袋子的容量可达 8 升，孔径在 250 微米以下，最小的孔径小至 50 微米，也就是 1/20 毫米。

作为最后的手段，您可以使用纸质过滤器。用咖啡滤纸过滤就可以了，但一定要选面积大的，因为用纸过滤的速度会非常慢。纸张还能吸附液体中可能存在的大量油脂，这可能对鸡尾酒的芳香质量和口感产生积极或消极的影响。如果您想知道滤纸在实际情况中会有什么差异，那就试着用纸和布分别冲泡咖啡，品尝它们之间的差异吧。

BLENDING

搅和法

几十年来，搅拌机一直是酒吧常见的器具，但我发现，我自己很少用到搅拌机。的确，有些鸡尾酒是需要混合的（如椰林飘香、巴提达、冰戴吉利），显然搅拌机对调制这些鸡尾酒很有用，但从配料准备的角度来看，研磨香料和制作配料就差不多了。

维他密斯和柏兰德搅拌机是最知名与最好的搅拌机品牌，两者都具有令人惊叹的切碎、研磨能力。这些机器可承受的范围确实令人难以置信，柏兰德公司在 YouTube 上推出的“这能搅碎吗？”系列视频可以证明这一点。

维他密斯在功能上有优势，因为它配有速度控制旋钮。如果您不想让原料溅得搅拌壶边沿到处都是，需要停下来刮边沿，然后重启，这个按钮就必不可少。在这方面，柏兰德搅拌机就像一头未驯服的野兽，但是它的搅拌效果超级棒。

如果经济条件允许，比搅拌机更好的投资是美善品料理机，它兼具搅拌机、部分炉子和秤的所有功能，这些太空时代的小玩意儿，几乎会出现在地球上每一个米其林星级厨房里，也会出现在众多口碑良好的酒吧里。

我喜欢它们，因为它们可以在稳定的温度下轻轻搅拌或完全溶解混合物。您甚至可以将刀片反向旋转，这时美善品料理机就变成了令人惊叹的高效碎冰机（大多数搅拌机在碎冰方面都很糟糕，只能产生一种雪）！当然，1000 美元的标价足以让大多数人望而却步，但当您考虑到机器的功能范围时，就会觉得物有所值了。

CLARIFICATION & CENTRIFUGE

澄清和离心机

澄清可以去除浑浊感，可以把不透明的饮料变得晶莹透亮。如果您的目标是一杯更纯的鸡尾酒，或者想让玛格丽特看起来像水，以此迷惑他人，那您就需要澄清！混浊是悬浮在鸡尾酒中的不溶性颗粒造成的。颗粒的不溶性是问题的根源，因为它会导致光线在周围反射，使饮料外观不透明。但不溶性对我们也有好处，由于颗粒与饮料本身分离，它们就很容易被提取出来！

根据不同的预算和技术水平，您可以选择不同方法来澄清液体。老式的滤网 / 筛子过滤应该始终是您的首选，因为它既便宜又容易，还能去除大块的不溶物。除此之外，还有几种方法，比如凝胶澄清，加酶澄清法，可以专门配备电力过滤设备，以及用于硬核澄清的离心分离器。

滗清

没有耐心的读者可以跳过这一节。滗清并不是最有趣的液体澄清方法，但如果您有时间且愿意等待，它会非常有效。如果液体中有相当大的不溶性颗粒，不包含防止材料在容器周围移动的稳定剂（无论是天然的或其他），这种澄清方法就具有最佳的效果。

凝胶过滤

凝胶过滤是另一种澄清方法，它使用胶凝剂将不溶性颗粒捕获在三维有机网格中，将它们从清澈、有味道的液体中分离出来。我第一次发现这一技术时，是在用明胶来澄清橙汁的过程中。这个过程包括小火加热橙汁，将明胶搅拌到橙汁中，然后让果冻在冰箱里凝固（这听起来很像做果冻）。接下来，把果冻放进冰箱直到凝固，然后把它从冰箱里拿出来，用平纹细布或粗棉布包起来，让它在室温下解冻几个小时。冷冻后解冻凝胶的冲击会导致凝胶中的大部分液体渗出，然后可以将这些液体收集起来，用于制作鸡尾酒。留在平纹细布中的是一种黏稠的液体，能吸附所有不溶性颗粒。

整个过程非常耗时，几乎不值得全力以赴。好在有人想出了办法替代胶凝剂，可以在一个小时内达到明胶的效果。女士们、先生们，请允许我向诸位介绍——琼脂。

琼脂是从红藻中提取的。它比明胶更脆，通常您不会希望琼脂出现在甜点盘上，但它的优点是有素食友好。而且，在澄清方面，它具有显著的优越性。

明胶和琼脂的第一个区别是，在工艺上，琼脂不需要冷藏就能凝固，在室温下就可以了。另外，它需要的溶解温度比明胶更高。在实际情况中，您需要将待澄清的液体煮得接近沸腾，才能激活琼脂。这是个缺点，因为您如果用这种方法澄清水果和蔬菜汁，十有八九它们会在高温下变质。

最好的解决办法是只取一小部分进行加热（例如总液体的 20%），然后按每 1 千克总液体加 2 克琼脂的比例，把琼脂搅拌进去之后，再把剩下的果汁调到琼脂溶液中。把溶液放在冰水中隔水凝固（这并不是必需的，但有助于加速），它会很快变成质地松散的凝胶。用搅拌器轻轻打碎凝胶，然后转移到平纹细布 / 粗棉布上，放置在合适的容器上。滤出的液体应该是近乎透明的。在过滤快要结束时，可能需要搅拌一下平纹细布 / 粗棉布里的一些液体，但不要太用力，否则会把浑浊的琼脂颗粒挤出来。

明胶－冷冻澄清可以达到与琼脂澄清类似的效果，但需要相当长的时间。您首先需要制作冷冻的明胶果冻（每 1 千克液体加 5 克明胶），然后放入冰箱（或者用液氮可以实现立即冷冻，见第 72 页）。冻成固体后就将果冻放在合适的平纹细布或粗棉布上，放回冷藏室解冻。果冻解冻时，结构会被破坏，液体就会渗出来，透过过滤布滴下来。

这个方法的唯一好处是，不需要像琼脂澄清法那样把液体加热到高温，但在我看来，琼脂法速度快的优点远远胜于需要多加热 30℃的轻微负面影响，热量的影响可以忽略不计。

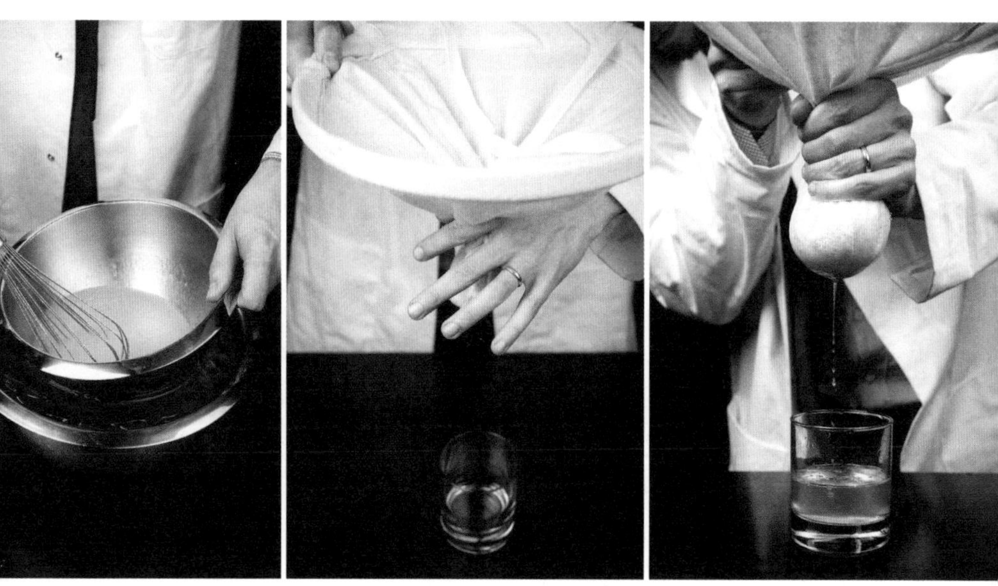

琼脂澄清：1. 轻轻搅碎石灰凝胶。2. 从平纹细布滤过。3.（大致）澄清后的效果。

果胶酶

果胶是一种胶凝剂，常用在果酱和糖果生产中。它自然存在于植物细胞壁中，占新鲜水果和蔬菜成分的 2%。从本质上来讲，它是将水果黏合在一起的组成部分。要澄清果汁和蔬菜汁（可能是您想要澄清的大部分产品），您可能有必要了解一下果胶，因为天然存在的酶可以分解果胶，也就可以分解原本稳定的果汁和蔬菜泥。一些酶已经成为品牌，有了商业包装，可以在网上购买，比如果胶酶、果胶裂解酶和果胶酯酶。

在凉的苹果汁中加入约 2% 的果胶酶，静置 12~24 小时。透明的液体浮到顶部后，需要将之小心地倒出来。将液体放在离心机中可以改善效果。果胶酶对果胶含量高的水果和蔬菜效果最好，特别是用于制作苹果和胡萝卜汁。不能用于低 pH 值 (高酸度) 的果汁。

炭过滤和冷却过滤

活性炭是用氧气处理过的碳。它的表面积与质量比是独一无二，不可比拟的。表面积越大，就越有机会把大的杂质分子吸附到木炭表面。木炭过滤最适合用于最后的处理工序，以消除残留的污浊和颜色。

这种过滤方法用于软化烈酒已经有两个多世纪的历史了。它最著名的用途可能是在伏特加的生产过程中，主要是因为一些品牌吹嘘它们的酒被过滤了多少次。但木炭过滤是许多烈酒生产过程的特征，因为它可以软化酒质特性并保证产品始终如一。普通的家用滤水器里都含有活性炭。

许多威士忌是加冰过滤的。该方法消除了陈年酒中有时存在的脂肪酸和酯引起的混浊。顾名思义，在加冰过滤的过程中，酒首先被冷却到 -1℃左右，然后通过纤维素或金属过滤器过滤。冷却会导致一些分子聚集在一起，形成更大质量的颗粒，从而使它们更容易被去除。

真空过滤

真空泵和一些真空包装机也很有用，因为它们可以通过精细的过滤器吸取液体。为加速过滤的进程，真空过滤可以与水胶体过滤和简单过滤结合使用，仅靠重力作用无法达到过滤效果时，真空过滤也可以与更细的过滤器结合使用。

这个过程通常需要带有过滤器的专业烧瓶。真空泵创造了一个低压环境，吸入足够钻过过滤器的细小液体。这个过程更快速，也比单独借助重力过滤效率更高。

离心分离法

离心机已经站到了食物链的顶端，也是传统上最昂贵的选择。离心机以惊人的速度旋转液体（有些转速高达每分钟 70000 次），对液体施加 G 值，即众所周知的重力加速度。这种对液体的巨大拉力会导致其成分根据密度的不同而分离：油浮在顶端，固体颗粒下沉，大部分液相位于中部。同样的过程在地球正常的引力作用下也会发生，但是在 30000G 的重力作用下，离心机会放大这种效果。

将离心机的能力与上面列出的一些技术相结合，例如与酶或果冻过滤相结合，就能得到超级有效的混合澄清过程，这个过程会省几分钱，但产生的效果无与伦比。离心机具有各种用途，包括把水从番茄汁中分离出来，从果泥中提取酒精。

2013 年，我写第一本书的时候，一台离心机的价格是 5000 英镑 /7000 美元，而且只能产出几升有用的产品。它的设计不是用于酒吧而是用于实验室的，价格也反映了这一点。不过，鸡尾酒吧对这类设备的需求不断增长，为满足这一需求，能够快速旋转液体的经济型设备也在不断发展。

DISTILLING
蒸馏

我很清楚，业余鸡尾酒爱好者不太可能尝试自己蒸馏配料，事实上，大多数酒吧也不会做这些。但在过去的 8 年里，蒸馏和再蒸馏产品一直是我创作过程中的主要部分，也是我出名的原因之一。所以，如果我不提这一点，那就是我的疏忽。

蒸馏和发酵一样，是本书介绍的许多酒类品牌的重要组成部分。与发酵不同，蒸馏至少需要一些特殊的设备，在涉及易燃的酒精蒸汽和有潜在危险的有毒物质时更要谨慎小心。听起来很有趣，对吧？

某种程度上，蒸馏可以被看作一种浸渍和澄清的过程。您要将水或酒精的混合物与水果、草药、花朵或香料一起煮沸，然后收集混合物的蒸汽并将其冷凝成液体。如果原液体含有酒精，那么蒸馏液中的酒精浓度很可能会更高，原因在于酒精的沸点比水低。好的方面是，蒸馏产品（或烈酒）也会包含蒸馏器中其他成分的浓缩芳香。“芳香”这个词很关键，我们在这里提到的不是您能品尝到的配料的“香气”，是您能闻到的成分。

任何类型的蒸馏器和冷凝器都可以实现这一点。在商业层面上，金酒酿造者使用大锅将杜松子和其他植物的芳香品质注入中性烈酒中。现在很容易买到 2~5 升铜壶蒸馏器，它们价格实惠，蒸馏效果很好。这样的小型蒸馏装置要花大约 100 英镑 /140 美元购买，您也可以用调酒杯、漏斗和玻璃冷凝装置自己制造。我曾经花了不到 50 英镑的二手零件做了一个小型玻璃蒸馏器，使用池泵循环冷凝器周围的冰水。从那以后，我很幸运地赚了一点钱，所以在我的酒吧里，我们使用一种叫作旋转蒸发器（rotavap）的设备。

在正常大气压下蒸馏需要大量热量，对于水果、鲜花和草药等原料来说，这可能会破坏它们的某些成分或改变其性质。旋转蒸发器是一种实验室级别的蒸馏设备。在接近真空的条件下运行，会降低里面所有配料的沸点，消除热变质和氧化导致的风味损害（此时没有氧气）。

旋转蒸发器虽然看起来有点吓人，但基本上是由四个部分组成的：水浴，用于加热混合物；蒸发瓶，将混合物保持在水浴中并旋转（这就是“旋转”部分名称的由来），增加混合物的表面积，促进更快地蒸发；冷凝器，外形要么采用充满液氮的“冷手指”形式，或者采用盘管形式，从再循环制冷机中注入 0℃以下冷却剂；还有一个真空泵，可以把系统里所有的空气都抽走。

旋转蒸发器是为实验室开发的，能够根据液体的挥发性来分离液体的成分，很受青睐。一旦熟练使用旋转蒸发器，并学会了平衡气压和温度，就可以像画家从调色板上选取颜色一样，非常精确地去除原料香味的各个部分。

我用旋转蒸发器来制作不含酒精的烈酒，将花生酱蒸馏成波本威士忌，把菠萝皮蒸馏成朗姆酒（见第 218 页）。我也见过用旋转蒸发器把果汁里的水蒸馏掉来浓缩果汁（一种未经加热、味道惊人的浓缩果汁）以及蒸馏陈年苏格兰威士忌，收集为鸡尾酒增味留下的浓缩木质残留物（如“英斯达陈化”罗伯罗伊，见《好奇的调酒师：全面掌握调制完美鸡尾酒技艺的精髓》151 页），这些效果都极好。旋转蒸发器的潜在效果不胜枚举，遗憾的是，一整套设备安装下来至少要花费 5000 英镑 /6750 美元。

值得注意的是，在英国和美国，在鸡尾酒吧中蒸馏酒精，甚至在自己家里蒸馏酒精都是非法的，除非有营业执照。我的开发实验室有酒精调制许可证，所以我们的产品是在那里生产的。

LIQUID NITROGEN
液氮

液氮（LN_2）的确非常有用，现在买到液氮要比过去容易得多。在英国，不需要特别许可证就能购买到液氮，但您需要了解处理液氮的风险，并且永远不要供应含有液氮的鸡尾酒。氮是一种工具，而不是一种成分。

液态氮气的温度是 -196℃，确实非常低。这东西在皮肤上溅上一小滴，就会让您感到一阵刺痛（甚至发痒），因为它会从您身上反弹并升华到空气中。更大量的飞溅会导致冷灼伤，如若氮气溅到宽松的衣服或鞋子上，情况就更严重了。如果您愿意，可以戴上手套，但一定要买护目镜和紧身鞋子。

液氮必须储存在专门的杜瓦瓶中。杜瓦瓶是一种特制的加压容器，能够保持恒定的液体状态。然而，即使储存在昂贵的氮气杜瓦瓶中，液氮也还是会通过瓶上的阀门蒸发。试图将液氮储存在一般的密封容器中肯定会导致爆炸。

因为液氮会不断挥发，所以氮气杜瓦瓶必须保存在通风良好的地方。从杜瓦瓶阀门释放出的氮气是完全无害的，但它如果与大气中的氧原子结合，就会形成一氧化二氮。这种气体也是无害的，但是形成的过程会耗尽周围空气中的氧气，从而导致窒息。问题是，您直到昏倒，才会意识到自己缺氧了。氮气要存放在室外或通风良好的房间内。不要进入存有大量液氮的密闭空间。

现在我们要谈的事情很有趣——液氮可以用来做什么呢？首先，液氮可以用于冷冻，这也是液氮最明显的用途。可以用液氮冷冻任何东西，包括烈酒。将盛有烈酒的棒棒糖模具浸入液氮中，就可以轻而易举地制作出可食用的鸡尾酒棒棒糖。

液氮也可用作搅拌鸡尾酒的浴槽。在液氮中搅拌马提尼可以把这款酒的温度降低到 –30℃，这比家用冰箱能达到的温度还要低。液氮也可以用于快速冷却玻璃杯，把液氮倒入玻璃杯中，然后快速旋转。

液氮也可以用来制作冰淇淋。用传统的冷冻柜或冰淇淋机制作酒精冰淇淋非常费力，但用液氮可以在一分钟内完成。除了时间快之外，制作液氮冰淇淋的另一个优点是，快速冷冻会形成更小的冰晶，所以口感更滑润。

最后，也可以用液氮将水果或草药快速浸渍入烈酒。可以把配料浸入氮气中，在配料凝固成固体后用搅拌机或其他重物将其捣碎成粉末，然后立刻倒上烈酒，奇妙的味道和颜色就会迅速扩散（见第 50 页）。

PolyScience
SMOKING GUN
Handheld Food Smoker

SMOKING

烟熏

我的第一份烟熏鸡尾酒，是厨师朋友特里斯坦・威尔驰调制的。那时我在英国各地举办了一系列以朗姆酒为主题的培训课程，特里斯坦和我一起主持，任务是用烹饪技巧调制鸡尾酒。在我们的第一堂培训课上，他制作了一个手持烟雾装置，称为“烟雾枪”，这名字起得太好了。他将苹果木烟喷到饮料表面，然后盖上了玻璃杯盖。烟雾慢慢渗入朗姆酒中，盖子再次打开时，就呈现出一种奇妙的烟雾缭绕的液体。

威尔驰在短短几秒钟内，就能轻而易举地为一杯饮料添加一种令人满意的烟熏风味，这让我印象深刻。我的第一间酒吧珀尔酒吧（Purl）开张时，我非常想在第一份菜单上放一杯烟熏鸡尾酒，部分原因是没有其他人这么做。这款鸡尾酒名叫“海德先生的待修房屋”（Mr Hyde 's Fixer Upper），是一款把烟注入后，用蜡密封瓶口的鸡尾酒，还配有茶香味的干冰雾。这种饮料在当时具有相当震撼的效果，这也是珀尔酒吧风靡一时的主要原因之一。客人们来酒吧根本不看菜单，都会直接点这款烟熏鸡尾酒。

9 年过去了，我对烟和烟熏鸡尾酒的理解也有了长足的进步。在《好奇的调酒师：全面掌握调制完美鸡尾酒技艺的精髓》问世时，烟熏鸡尾酒还很少见。然而在那之后，我在世界各地都见过并品尝过烟熏鸡尾酒。其中一些鸡尾酒很美味，但我也很遗憾地说有很多款口感不太好。

这类鸡尾酒的问题是平衡烟味和视觉冲击之间的冲突，两者不能兼得。如果烟明显地与您的饮料接触，就会改变它的味道。您不会喜欢总是向鸡尾酒中加入青柠汁，您也不会喜欢烟味过重的鸡尾酒。而且，只有少数人真正掌握了把烟和酒混合在一起的艺术。最糟糕的是，烟熏没有一致性。您无法测量烟，正如您不能抓住它。正是由于这些原因，我选择在调制鸡尾酒之前先对配料进行烟熏，通常是先烟熏一种单独的成分，然后再用同样的（未熏过的）成分来稀释以调整它的烟味。这给微调留下了很大的空间，也能达到质量的一致性，实现可重复的结果。

为了获得最好的烟熏味，了解一些科学知识是很有用的。烟是通过燃烧木材产生的。在 300℃以下，木材阴燃产生的烟雾大部分是纤维素和半纤维素分解的结果。这种烟有点难闻，因为它含有木头燃烧产生的一些更辛辣的、带涩味的化合物。烟的大部分芳香效应来自木材内部木质素的分解。木质素是一种化合物，约占木材结构的 1/4（但因木材类型而异），当温度超过 300℃以上时，它会分解成复杂的芳香分子，称为羰基和酚。正是这些化合物为香草、枫糖、焦糖、坚果、丁香和樱桃等食物带来了典型的甜味或辛辣芳香。当木材的温度上升到 400℃时，烟变得更浓，几乎像流动的液体，在这一阶段，它携带着最美妙的香味和大量的芳香化合物。

如果蔓延太高，木头就有着火的危险（烟熏饮料证明了无火也能生烟！）。在这个阶段，木材的温度升高到 1000℃，这对那些珍贵的香料是不利的。

要将烟注入饮料，最便宜、最简单的方法就是使用手持烟熏装置。它们有多种形状和形式，从预算模型（低于 20 英镑 /28 美元）到更精致的版本（超过 200 英镑 /285 美元）。当然，一分价钱一分货，我个人非常喜欢 Polyscience 牌烟熏枪，价格大约是 60 英镑 /85 美元。它经久耐用，容易清洁，而且效率高。

烟枪带有一个钢制坩埚和一个标准的管道过滤器。把木屑置于坩埚中，然后用火焰点燃。用开关打开风扇，将烟吸进设备，然后通过软管排出。烟雾可以很容易地进入容器、玻璃罩、混合调酒杯或玻璃杯。通过坩埚吸入的空气使阴燃木屑充分加热而不会着火。如果木屑的温度达到500℃，就有自燃的危险，但这可以通过限制进入坩埚的气流来控制。过程如下：把木屑放在坩埚里，打开电机。用火焰或厨师的喷灯点燃木屑（必要时将火焰吹灭）。让烟在5秒内形成颜色和密度。然后引导烟的流向。

定期清洁烟熏枪，因为木屑燃烧时释放的芳香油会积聚在烟枪内部。反复加热和冷却这些油，会导致它们分解成恶臭的化合物，这会极大降低烟的质量。

所使用的木材类型会影响所产生的烟雾类型。木材的芳香程度主要取决于木质素含量的高低。木质素含量低的木屑产生芳香较少、更辛辣的烟雾，而木质素含量高的木屑（如牧豆树）会产生芳香更浓烈的烟。下面是我最喜欢的几种烟熏木料。

山胡桃木

甜蜜的芳香气味，通常用于烧烤

苹果木

清淡芳香的气味，但具有令人愉悦的果味

橡木

粗犷浓烈的气味，请谨慎使用以免味道过度

牧豆木

浓郁的芳香味

MATURING

陈化

陈年鸡尾酒并不是新生事物。毕竟，我们用桶存放葡萄酒和啤酒的历史已有数千年之久了，那么为什么不把混合饮料也储存起来呢？世界上第一批调酒师将他们的鸡尾酒储存在瓶子里，以备日后使用，早在20世纪初，瓶装鸡尾酒就成了畅销产品（今天亦如此）。休伯莱恩公司早在1906年就在美国为他们的“木酿”鸡尾酒做广告，并持续到20世纪30年代。1906年7月，《剧院》杂志刊登了一则广告，上面写着：

> 为您和您的客人准备好的美味鸡尾酒，口感之妙，远远超出您的预料。俱乐部鸡尾酒是由优质的陈年酒经过科学调制而成，并在木桶里陈化，气味芳香，口感柔滑。

当您读到这篇文章的时候，今天杰出的调酒师（为了重现20世纪早期调制、摇匀或搅拌的所有鸡尾酒）可能已经将您能想到的几乎所有鸡尾酒都陈化了，可想而知，结果是喜忧参半的。事实是，在谈到酒桶时，人们往往很少关心鸡尾酒的实际味道（而过多地强调它背后的“故事”）。问题是，关于酒桶和鸡尾酒，几乎没有什么文献可供参考。相反，我们必须阅读白酒生产手册，并反复实验，不断试错（反复实验的诀窍是知道您什么时候出了错！)。

对于各种类型的陈酿方法，我的建议是：大胆调整已经酿好的鸡尾酒。从酒桶或瓶子里倒出的鸡尾酒极有可能未达到该饮料的最佳口感。就像您在其他情况下一样：品尝它，调整它，完善它。

木桶陈化

木桶陈化绝对是我使用的陈化技术中最复杂的，因为木材本身就是一种成分，而且是不可预测的。

桶有不同的规格、种类和材质。您所用的桶的类型（容量可能不到 50 升）将极大地影响鸡尾酒的最终口感。新的橡木桶会很快地传递香味，而木桶第二次或第三次装酒时传香效果自然会降低。您可以选择以前装过酒的酒桶，如雪莉酒、葡萄酒和波本威士忌等，也可以选择炭化或烘烤程度不同的木桶。酒桶的大小会影响表面积与液体的比例，小酒桶比大酒桶能更快地释放出味道。重要的是要认识到，所有这些因素以及陈化时间，都会对酒桶里的酒产生明显的影响。

橡木桶本身含有为鸡尾酒增添风味的 100 多种挥发性成分。此外，还有其他化合物通过木材提取物的氧化形成，鸡尾酒中也含有化合物（鸡尾酒本身可能含有陈年的成分)。通过色谱分析法可以看出，许多酚类和呋喃醛类化合物是由于桶老化产生的结果。这些化合物定义了我们所认为的陈年产品的主要风味特征：干味、香草味、坚果味、树脂味、水果味、甜味和烘烤味等等。我们可以把产生这些味道的反应分为三类：浸渍、氧化和萃取。木桶不用时，一定要在里面放少量的水，不要把桶盖盖上，以免桶干燥，同时防止桶里滋生细菌。

浸渍

“浸渍”指的是烈酒或鸡尾酒直接从木材中提取的所有好东西。把木桶想象成一个反向的茶袋，一个高度压缩的风味圆筒。在木桶内表面发生的炭化

或烘烤过程，将木材的各种结构分解成更短的糖链，直接注入液体中。木材的添加剂作用来自构成橡木的主要成分，一共 4 个潜在来源：橡木木质素、半纤维素、提取物和橡木单宁。

我们所熟悉的大多数木材风味，如香草、黄油、焦糖、香蕉和椰子，都是木质素分解而形成的，木质素是木材次生细胞壁的一部分。香兰素是香草味的来源，出人意料地在香草中的含量最高（按重量计算约占成分的 2%），香草味也因此成为世界上第二大受欢迎的口味（第一是巧克力，但它也含有香兰素，像母乳一样）。当然，香草和香兰素并不总是那么受欢迎，但确实有在派对上占据主导地位的倾向，而且明显存在于陈年烈酒中，这当然与在陈年鸡尾酒中加入少许香草有关联。较高水平的木质素分解也能带来烘烤和烟熏的味道。

所有桶装陈化鸡尾酒都会从木材中提取一定量的单宁酸。与美国木桶相比，单宁酸在欧洲木桶中更为普遍，并在陈年烈酒增色方面发挥着重要作用。在口感上，单宁酸给人一种奇怪的干涩感，如果仔细融合进酒里，可以为鸡尾酒增加令人满意的平衡感。

氧化

氧化是一些烈酒和葡萄酒陈酿的关键部分，有助于酒的酿制，并增加其复杂度。乙醇（酒精）的氧化会转化为乙醛，这种化合物会产生类似雪莉酒的坚果味和草香味。正是这种氧化作用为雪莉酒和苦艾酒（在生产过程中苦艾酒也被部分氧化）提供了特有的余味。

实际上，雪莉酒的话题与有关酒桶陈化的争论有很大关联性。欧罗索雪莉酒是葡萄酒和烈酒的结合，是在木桶里陈化的，实际上与马丁内斯（Martinez）或曼哈顿（Manhattan）的主要原料相同：烈酒、葡萄酒和苦精。在这个基础上，同样的理论也适用于雪莉酒的生产，我认为很难像有些人那样忽视“木桶陈化鸡尾酒”这个概念。

如果继续使用乙醛，它自己也会被氧化，转化为醋酸。少量的醋酸会让鸡尾酒口感醇厚，但大量的醋酸会让口感更涩，所以必须密切注意用量。与烈酒相比，葡萄酒的氧化和变质速度要快得多，大多数普通的木桶陈化鸡尾酒都有一层安全屏障，这要归功于它具有更高的酒精体积比以及更强的抗氧化性。

提取

提取的关键在于使鸡尾酒软化。这一过程被认为是由于橡木中含有半纤维素（约占总成分的 15%~25%）。半纤维素与液体中的酸发生反应并产生复杂的还原糖。人们认为，正是这些糖软化了鸡尾酒，同时产生了一种融合和一致性的效果。有趣的是，人们认为酸度越高，软化效果越好，这就是为什么含有味美思的鸡尾酒效果这么好。对于特别有灵感的人来说，在陈化之前尝试增加鸡尾酒中酸的含量可能会产生有趣的结果。

这些只是木桶陈化鸡尾酒的一些效果。显然，有很多因素需要考虑，而不是简单地把酒放在木桶里，然后期待最好的情况发生。仔细考虑发生作用的各种力量，确实会产生奇妙的结果。

瓶内陈化

我建议把鸡尾酒装在玻璃瓶里，密封好后等待一段时间。这听起来有点可笑。您会馋酒，但是能有其他收获。通常人们认为烈酒的酒精含量太高了，不会在瓶中陈化，但是现在的研究表明，这种看法可能并不完全正确。经过多年的酿造，葡萄酒会在瓶中成熟，变得醇厚而复杂。由于烈性鸡尾酒的酒精度数通常介于葡萄酒和烈酒的酒精度数之间（稀释后通常为 25%~32%），我们或许可以认为在酒瓶里进行陈化的想法并不疯狂。

我曾亲自对陈化鸡尾酒和新鲜鸡尾酒进行过三角口味测试，二者确实有明显的区别——口感的和谐，酒精的软化——但是很难确切地说出它们的区别。有很多理论试图解释鸡尾酒或烈酒在瓶中存放一段时间后会发生什么，但在我撰写本文时，其中大部分理论仍然处于推测阶段。

我最喜欢的解释之一来自斯科特·斯普尔维里诺。他认为酒精分子和水分子在酒精度为 20% 及以上时不能均匀混合，而且随着时间的推移，酒精分子往往会聚集在一起。一种新混合的鸡尾酒含有未陈化的烈酒，可能混合得不均匀，因此口感更粗糙。当鸡尾酒陈化时，酒精分子紧密地聚集在一起，这时喝会更顺滑！

CARBONATION

碳酸化

在鸡尾酒中加入一点气泡，效果会很棒。虽然不适用于所有的鸡尾酒，但在实际情况中，有些鸡尾酒离不了气泡。

混合汽水（苏打水、汤力水、可乐）是在鸡尾酒中加入气泡最简单的方法，但也有缺点，比如风味范围有限，以及其他非碳酸成分会稀释气泡。如果您有时间和精力，您会发现给自己的鸡尾酒加碳酸是一个非常有益的策略。在这样做的过程中，您将在能够起泡和发出爆裂声的鸡尾酒种类方面有大量新的选择，并且有机会微调您鸡尾酒起泡的程度。

气泡工作的原理

二氧化碳气泡会刺激舌头的酸感受器，致使口腔中出现刺痛感。这种效应科学家们还没有完全弄明白，但大致可以归类为一种局部高度酸性感觉，如果鸡尾酒大量碳酸化，就会产生疼痛感。这里需要重点注意的是，正是二氧化碳本身而不是泡沫的物理破裂产生了那种嘶嘶的感觉。如果气泡是由另一种气体产生，如空气、氧气或氮气（就像某些泡沫和鲜奶油那样），就不会有同样的刺痛感。液体的起泡取决于两个因素：液体中二氧化碳的压力和液体的温度。

如果您把大量的二氧化碳注入瓶子里，就会增加瓶子里的压力。这会迫使一些二氧化碳溶解到鸡尾酒中，酒便带有更多的气泡。如果瓶子的顶空很大，就需要按比例在每毫升液体中充入更多的二氧化碳，以增加顶空压力并产生带气泡的液体。

冷的液体比热的液体能容纳更多的二氧化碳。您可以通过挤压装着未开封碳酸水的热塑料瓶和冷塑料瓶来验证这一点。有温度的瓶子会感觉更紧，因为溶解的二氧化碳更少，而更多的二氧化碳在顶空加压。实践中，温度和气泡之间的关系意味着，您应该在鸡尾酒冷的时候对其进行碳酸化，而热鸡尾酒气泡跑掉的速度更快。

失去气泡有时是好事。为了让鸡尾酒在玻璃杯里看起来起泡，我们要求二氧化碳形成气泡，浮到杯子表面。同样，当我们尝一小口冰凉的香槟时，口腔温暖的环境会导致溶液中形成气泡并刺痛我们的嘴。您的嘴温度越低，喝酒时感觉到的气泡就越少，因为从溶液中冒出来的气泡就越少。

鸡尾酒一旦倒入玻璃杯中，就会迅速失去气泡，因为地球上相对较低的大气压力不足以使全部二氧化碳溶解。玻璃杯的表面为气体溜走提供了出路，这就是为什么较窄的玻璃杯（如香槟杯）保留气泡的时间更长。气体散开的第二种方式是通过玻璃杯内侧形成的气泡。气泡是在玻璃的小缺陷上产生的，称为成核点，这是“粗糙的碎片”的另一种说法。没有成核点，就不会产生任何气泡，在一只完全光滑的玻璃杯里，无论鸡尾酒含气量有多高，都不会形成气泡。为促进气泡的成核，可以特意在杯子底部的内侧留下划痕。但是杯子中任何不平滑的物质都可以产生同样的效果，包括漂浮的有机物质、布料纤维和糖块。

碳酸化测量

饮料中的二氧化碳含量可以用克/升来表示。一罐330毫升的可乐含有大约2.1克的二氧化碳，相当于每升含6.3克。水果汽水的二氧化碳含量要少一些，约为 5 克 / 升，一些泡腾水的含量不到 3 克 / 升，这就解释了为什么有时气泡会让人感觉有点暗淡。对于不含酒精的饮料，凡二氧化碳含量超过 8 克 / 升都会让人感觉疼痛。但无酒精液体中的二氧化碳的含量只能说明一半问题。二氧化碳在酒精中比在水中更容易溶解。这可能会让您在喝起来的时候认为，含 5 克 / 升二氧化碳的含酒精饮料比二氧化碳含量相同的不含酒精饮料会有更多的气泡。

事实上，情况正好相反。因为二氧化碳在酒精中很常见，所以它不太容易跑开并形成气泡。因此，为了产生同样的气泡感，酒精饮料需要的碳酸化压力比非酒精饮料更高。有些香槟（酒精度约为 12%）含有高达 12 克 / 升的二氧化碳，如果这些二氧化碳完全溶解在水中，就没法喝了。

在实践中，测量碳酸化程度是相当棘手的，但是标准的碳酸化水平可以作为参考。如果您想尝试我的干冰碳酸化方法（见第 91 页），就更是如此。最后，让鸡尾酒中有适量气泡的最好方法就是品尝它们并相应地调整您的配方。

碳酸化规则

为取得最佳效果，无论您如何选择碳酸化鸡尾酒的方法，您都需要遵循一些简单的规则。第一条规则是一直使用冷的鸡尾酒，越冷越好。由于您一开始提供的可能就是冷的鸡尾酒，这应该不会太难。在进行碳酸化处理之前，先将鸡尾酒放在冰箱里冷藏（更好的做法是把它放进冰箱里急冻）。注意，我们不想让它变成冰沙，因为这会让气体有大量的成核点，酒体会嗞嗞作响。

接下来，要确保鸡尾酒是清澈的。事实上，这可能需要过滤，您可能想在冷却之前过滤。在碳酸化时，鸡尾酒中的不溶性颗粒会让酒产生泡沫，所以在碳酸化之前要进行适当的过滤和澄清。请注意，鸡尾酒并不非要是无色的，只要是透明的就可以了。

所有的碳酸化方法都要求您至少重复一遍。这是为了清除进行碳酸化的容器中自然形成的空气，这些空气需要排出。您不能用空气来碳酸化，容器里的空气越多，就意味着二氧化碳越少，气泡也越少。您永远不可能把瓶子或虹吸管里的空气全部清除掉，但反复碳酸化和排气会显著提高效率，让鸡尾酒有更多气泡。

碳酸化时，要尽可能频繁地搅拌液体。这似乎是反直觉的，因为摇晃一瓶苏打水是从液体中除去二氧化碳的有效方式，而且还很有趣。苏大水在摇晃时会产生泡沫，因为即使容器大小不变，表面积也会大大增加。气体迅速地从液体中释放出来，充满瓶颈，以泡沫的形式排出液体。由于同样的原因，在碳酸化过程中摇晃也是有效的，但在这种情况下，我们是靠增加表面积将二氧化碳推入液体，而不是将其排出。不过，搅拌不一定总是需要晃动，气泡水机（见第 86 页）利用非常小的气泡射流来增加二氧化碳和液体的表面接触面积。

最后，最好避免饮用含有蛋白质（蛋白、乳清、水蛋白）或任何可能产生泡沫的表面活性剂（如卵磷脂）的鸡尾酒。

制作碳酸化装置

可能看起来或听起来令人却步，但使用二氧化碳储罐、调节器和软管搭建碳酸化装置实际上非常简单。设备的初期费用不应超过 100 英镑，您将能够以较低的持续成本碳酸化数百升的鸡尾酒。

在酒吧里，您可能要对大量的鸡尾酒进行碳酸化处理，使用碳酸化装置是很不错的选择。如果您在家里调制鸡尾酒，您可能会更喜欢小型的、不那么工业化的解决方案，比如气泡水机。二氧化碳储罐可以从商店、网上或从酒窖供应公司购买。我更喜欢 5 升的储罐，因为它们体积适中，可以放在任何地方，而且容量够大，能持续使用一段时间。您可能需要先给罐子交纳定金，然后付款，用完后再换一个满的。一定要把罐子用链子拴在墙上，防止它掉下来——这些东西很少会破裂，但一旦不小心破裂了，它会伤到您的脚。

二氧化碳罐内的巨大压力（60 巴，超过咖啡机所产生压力的 6 倍）需要降低到合理的水平，以进行鸡尾酒碳酸化。您需要的那种调节器会将压力降至 0 ~ 4 巴之间，这是酒吧工作的完美选择，因为大多数鸡尾酒需要 2.5 ~ 3 巴的压力。调节器的费用不会超过 30 英镑 /42 美元。

接下来，您需要塑料碳酸水瓶、一个球锁气体配件和碳酸化器盖，以及把碳酸化器连接到调节器的加固软管。这些配件可以从家酿酒网站上以很低的成本购买。瓶盖盖在瓶子上，球锁装置在瓶盖里，形成一个紧密的密封，以便将气体泵入其中。

使用碳酸化装置

将调节阀调到正确的压力 (2.5~3 巴)，然后打开气门。别担心，在把球锁接到瓶子上之前，气体不会跑出来。为塑料瓶注入 3/4 的冷冻液体，然后尽量把瓶子里剩余的空气排出来。接下来，把碳酸化装置盖子拧到瓶子上。如果您要对多个瓶子进行碳酸化处理，我建议您买更多的碳酸化装置盖子，并对所有瓶子进行填充 / 挤压，因为这将加快碳酸化速度。

将球锁连接器夹在碳酸化装置的盖子上，瓶子的膨胀和顶空加压会让您惊叹。好好摇一摇就可以了吗？不，比那更难！摇动后，断开球锁固定器并拧下碳酸化装置的盖子。饮料会轻微起泡。完成后，拧回盖子，连接固定球锁，再次摇晃。最后，断开球锁，把瓶子放进冰箱。如果您有更多瓶需要冲入碳酸，重复上述步骤即可。

如果您想把鸡尾酒装在玻璃杯里，可以在碳酸化后小心地把酒从一个塑料袋中倒出来，用瓶盖密封。我不建议直接在玻璃容器里碳酸化，原因有两点：首先，您无法把空气从杯子里挤出来，这使得二氧化碳更难进入酒中。

其次，玻璃瓶不像塑料瓶那样有弹性，无法应对气压变化。有的玻璃瓶可能在制造的时候有缺陷，您肯定不希望体验玻璃瓶爆炸带来的惊喜。

气泡水机（SodaStream）

气泡水机是最家庭友好的碳酸化方式，非常实用，但在酒吧里使用的成本可能会高一些。

作为 20 世纪 80 年代的产物，气泡水机是厨房用具的奇迹之一。今天我对它的感觉并没有多大改变。它结构紧凑，使用方便，而且相对便宜。它们是制作家庭苏打水的好工具，只要您遵守操作指南，也可以将之用于碳酸化混合饮料。

气泡水机与其他形式的碳酸化一样，首先要使用冷的液体，这一点很重要，因为冷的液体能大大提高溶解二氧化碳的能力，使鸡尾酒起更多的泡。另外，像其他的碳酸化技术一样，您需要排掉酒瓶或容器中的空气，确保注入酒中的是纯的二氧化碳。这意味着要重复这个过程 2~3 次，也就是说，您要很快地把二氧化碳注进气泡水机专用气罐。

使用气泡水机的主要技巧是，不要试图一次碳酸化太多的酒，因为鸡尾酒容易产生泡沫，您必须避免这些泡沫堆积在机器顶部的减压阀里。黄金法则：瓶子里的水绝不要超过一半（三分之一左右刚刚好），排气时要小心，以防二氧化碳爆炸。

苏打虹吸管 /iSi 打发器 / 气泡饮料碳酸化系统

奶油搅打器和虹吸管是大多数调酒师首选的碳酸化鸡尾酒工具。毕竟，虹吸管已经有近 200 年的历史，其设计是以鸡尾酒调酒器或马提尼酒杯为标志的。iSi 打发器旨在用氮气制造泡沫，但它恰当地吸收了二氧化碳罐的优点，起到了和虹吸管一样的作用。Twist 'n Sparkle 牌碳酸化瓶是 iSi 公司一款更新的创新产品，它呈瓶状，没有可以将内容物喷射出来的阀门。

这三件工具的功能完全相同，区别就在于酒碳酸化后，制造商希望您分装液体的方式。假如您只打算买其中的一件工具，一定要买 iSi 打发器，因为它不仅包含了其他两个的功能，还能制造泡沫。

第一个虹吸管是在 1829 年发明的，当时两个法国人为一种中空的开瓶器申请了专利。这种开瓶器可以插入碳酸水里，利用阀门，允许部分碳酸水流出，同时保持瓶内的压力，防止碳酸水剩余的气体跑光。

现代的虹吸管出现在 19 世纪晚期，今天它们使用的是 7.5 克的二氧化碳气弹。这个过程是将气弹拧在单向阀上，将气体注入虹吸管顶部空间。气体可以发挥两种作用：碳酸化鸡尾酒，以及在虹吸管内产生正压，您按下杠杆阀时，会将液体再次排出。该阀门连接到一根从虹吸管底部抽取的管子上，这样您就可以在虹吸管直立时释放气泡；iSi（奶油）打发器也以完全相同的方式工作，只不过打发器没有虹吸管，您需要处理泡沫（来自一氧化二氮）。这意味着，在使用 iSi 打发器前最好先碳酸化鸡尾酒，然后拧开瓶盖，把里面的液体倒出来（也可以用虹吸管来吸，但会失去一些乐趣）。Twist' n Sparkle 牌碳酸化瓶没有杠杆阀，所以您必须拧开顶部才能取到酒。

虽然虹吸管和打发器容易使用，看起来也很不错，但它们都有一些缺点，因此不易成为我首选的碳酸化方法。

首先，它们很贵。仅仅一套工具就会花掉约 40 英镑 /55 美元。这还不算什么，每个气弹的价格约为 1 英镑 /1.4 美元。每次碳酸化时，至少需要 2 个气弹，调制这样饮品的成本随之迅速攀升。

而且，这些工具上的阀门是滋生霉菌的温床。如果盖子拧紧后很长一段时间没有气流通过，您还会发现阀门会黏住，除非一切都是超级干净和无菌的。当您为容器注入气体时，如果气体直接从喷嘴倒出来，您就会知道阀门卡住了，阀门卡住会浪费价格不菲的二氧化碳罐。

这里的应用原理与其他碳酸化方法的原理相同。一定要使用冷的液体，也要花时间冷却虹吸管或打发器。碳酸化时充分摇晃虹吸管或打发器，然后释放气体并重复。如果用的是虹吸管，就需要在放气时把它倒置过来，否则您会把液体喷得到处都是。如果想得到更丰富的气泡，您需要进行 2~3 次碳酸化。

干冰

干冰是固态的二氧化碳，温度在 −79℃左右。由于它的升华特性（跳过液态，从固态直接蒸发为气态），它是很好的工具。可以将温暖的液体浇在干冰上面，制造香气袭人的“雾”。不过，直接接触干冰会灼伤皮肤。因此在处理时，要戴上手套，使用适当的器具。

用干冰来做碳酸饮料是可行的，但我先来介绍一下……不到万不得已，我是不会用干冰的。如果使用不当，干冰可能会导致爆炸！即便如此，干冰仍然是一种快速、经济的气化饮料的方式，而且给人的感觉相当摇滚。

使用的前提很简单。主要是看您想让鸡尾酒起多少泡，并计算出用于碳酸化的二氧化碳的准确重量。还记得我说过 1 升可乐含有约 6.3 克的二氧化碳吗？嗯，这是一个很好的开始。

同往常一样，您需要使用非常冷的液体和一个带螺旋盖帽的塑料瓶。将瓶子里装一半的鸡尾酒，根据液体的体积（而不是瓶子的体积）计算出二氧化碳的重量。称出所需要的正确重量的干冰（9 毫米颗粒的重量约 2 克），小心不要灼伤自己。将颗粒倒入瓶中，拧上瓶盖，不要拧紧，让干冰颗粒升华 30 秒。由于二氧化碳比空气重，会慢慢地把空气从瓶子的顶部推出去。现在把瓶盖拧紧，摇一摇，您会有命悬一线的感受。

如果一切顺利，干冰将完全升华，您就会得到一瓶加压的气泡酒。静置几分钟后再打开（打开时要小心）。

鸡　尾　酒

第三章
THE COCKTAILS

风味组图

根据这个风味图决定哪种经典鸡尾酒适合您的需要。每一种鸡尾酒在页面上的位置都是根据它的淡、浓、干或甜的程度而定的。

清淡

炮火

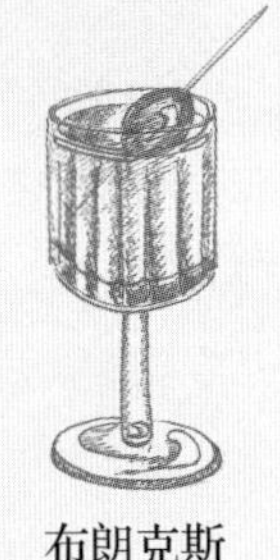

布朗克斯

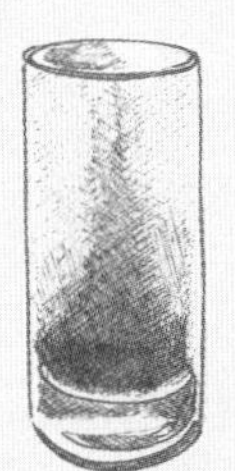

龙舌兰日出

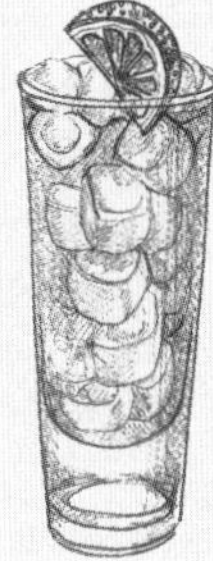

长岛冰茶

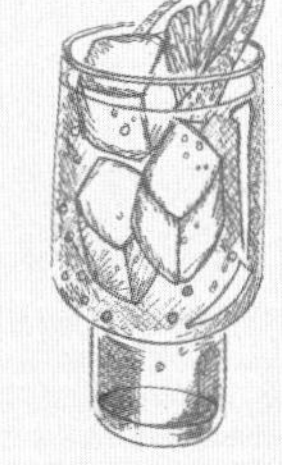

蓝色珊瑚礁

巴坦加

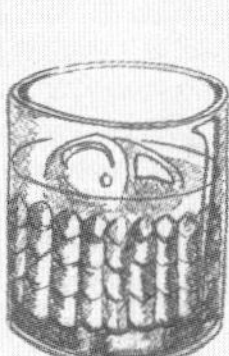

白俄罗斯

暗黑恶魔

甜度

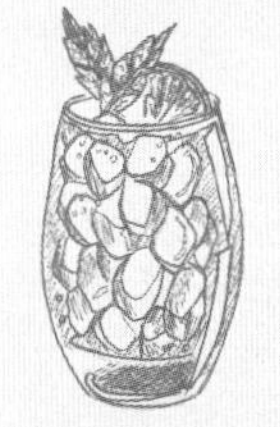

朗姆碎冰鸡尾酒

桑格利亚汽酒

威士忌姜酒

谷物与油

哈佛

老广场

锈钉

鲍比伯恩斯

花花公子

蓝色火焰

丰富

Fût n° • Bouteille n°
COGNAC
PETITE CIGÜE
VSOP
FANNY FOUGERAT
COGNAC D'AUTEUR
APPELLATION COGNAC
COGNAC
Delamain

白兰地

B R A N D Y

HARVARD

哈佛

50 毫升轩尼诗干邑白兰地、20 毫升马提尼红威末酒

10 毫升水、2 滴安高天娜苦精

将所有的材料都加入混合调酒杯，搅拌30~40秒。滤入冰镇的蝶形杯，用橙皮装饰。

毫无疑问，哈佛在黑色烈酒、味美思和苦味鸡尾酒家族中名气较小（更出名的是曼哈顿和罗伯罗伊）。但是在我看来，这款酒如同大胆的宣言，它可能会成为整个家族的闪亮之星。

尽管干邑白兰地和白兰地可以作为鸡尾酒基酒，但它们的复兴之日似乎遥遥无期。伟大的证书是一回事，但是干邑一直有认同危机，上年纪的人在巍峨的城堡里酿制干邑，夜总会里的年轻人购买和消费干邑，这让干邑的分类陷入了一种特别奇怪的悖论，因为干邑的销售对象并不会喝干邑。但是酒吧里狂热的爱酒者依然视之为珍宝，并定期用其调配鸡尾酒。毕竟，它是 19 世纪中期美国最有特色的混合烈酒之一。

哈佛最早出现在乔治 · J. 卡佩勒 1895 年的《现代美国饮料》一书中，以墨水命名。卡佩勒的配方需要糖、安高天娜苦精（三滴）、等量的意大利味美思和白兰地以及赛尔脱兹矿泉水。正是味美思与白兰地的高比例，使鸡尾酒略显松弛，也许调配这种酒的初衷是想淡化这种喧闹的组合？我当然尝试过这样的方式，我发现轻微的气泡似乎扰乱了杯中葡萄酒精和葡萄酒的优雅结合。当然，这款酒稍微稀释一下更好，而且也不需要冰镇，所以如果调酒师在搅拌前往调酒杯里加了半杯水，我也不会抱怨。

FOX CLUB

福克斯俱乐部

450 毫升轩尼诗 XO 干邑、150 毫升卡帕诺安提卡甜味美思
100 毫升培利克烟草利口酒、5 毫升 /1 茶匙艾伯特苦精、100 毫升水
适合 1 升的酒囊，可调 10 杯鸡尾酒

用冷水冲洗酒囊。将所有材料混合在一起，用漏斗把酒装进酒囊。旋上盖子，让液体静置。别让鸡尾酒熟化太久，因为皮革和树脂的味道会变得过于强烈。如果皮革的味道变得太浓，将液体从酒囊中取出，用更多未陈化的鸡尾酒稀释它，直到达到合适的平衡点。调制时加冰块，搅拌 80 毫升陈年鸡尾酒 1 分钟，然后滤入冰镇过的鸡尾酒杯。

福克斯俱乐部（Fox Club）是哈佛大学六个全男性决赛俱乐部之一，它们共同充当了哈佛大学男性特权和贵族统治的最后堡垒。不管您是不是其中一员（让我们面对现实吧，您不是），他们的存在深刻地塑造了校园的社会与政治文化。我想我可能永远不会在约翰·F. 肯尼迪街 44 号的通风吸烟室里抽根高希霸雪茄，让自己放松一下，但是给我的鸡尾酒取名福克斯俱乐部之后，这种酒至少有机会打入这家俱乐部。

福克斯俱乐部鸡尾酒是什么味道呢？嗯，显然，它需要以哈佛鸡尾酒为基酒，并且应该代表俱乐部里进行的活动、会所的外观、感觉和气味。总的来说就是，坐在皮扶手椅上抽烟喝酒（我没有任何实际的俱乐部经验，也从未见过任何一个俱乐部成员）。

皮革和烟草，应该不难打造。数千年前，人们就开始用动物的皮和器官储存液体。事实证明这是物尽其用，而这也正是它们在自然界中的预期用途。在传统的西班牙酒囊（或羊皮酒袋）的生产过程中，容器是由山羊皮革制成的，然后内衬山羊膀胱，或者在内部涂上杜松或松树树脂，防止泄漏。巴斯克地区的牧羊人把这些容器称为“zahato”，用它们喝“zurrust”，意思是在酒囊的喷嘴不接触嘴唇的情况下把水或酒喷到嘴里。

目前仍有少数西班牙葡萄酒囊生产商沿用古老的工艺：用松树、橡树和金合欢树撕碎的树皮将山羊皮烘干、鞣制，将皮缝合成袋子，然后用杜松树脂密封内部。因为这些产品是用来装您要喝的东西的，也使它们适合储存鸡尾酒，并且确实可以用皮革调味。

这里适用的规则类似于木桶陈化。盛放的水或酒可能会从动物皮中提取出轻微的皮革和杜松子味，头几次装酒更是如此。鸡尾酒的酒精含量更高，风味的提取更极端，并且可以持续多次灌装。通过在鸡尾酒中有意地注入动物皮的香味，可能会使一种微妙的皮革香味传入酒里。不过，要特别强调微妙的气味，因为皮革的强烈味道就像舔沙发，一点都不好玩。幸运的是，在鸡尾酒方面，我们能够将未陈化的成分与陈化的成分混合，从而起到平衡酒囊的效果。

我在这款经典的哈佛酒里加入了一点培利克烟草利口酒（Perque Liqueur）进行改良。培利克烟草利口酒的酿制者泰德·布鲁在转行生产烈性酒之前是位化学家。这种酒是唯一一种由烟草制成的商业利口酒，它避免了烟草的所有有害成分，保留了烟草的风味。

JACK ROSE

杰克玫瑰

60 毫升莱尔德苹果白兰地

15 毫升柠檬汁

7.5 毫升 /1 茶匙红石榴糖浆

加入冰块，摇合所有配料，滤入冰镇过的马提尼杯。

这款酒的基酒是苹果白兰地，也被称为殖民时期的美洲白兰地。这是一种由烈性苹果酒调制成的酒精度更高的烈酒。不过，增加酒精度和蒸馏不是一回事。不是加热苹果酒，而是冷冻后解冻，只收集第一批解冻的液体（其酒精浓度较高）。把这个过程重复几次，使酒精浓度上升并超过40%。这是一种最基本的蒸馏方法（没有使用加热蒸馏器的效率高），这意味着酒精的浓度不会太高，但也存在影响口味的风险，因为壶式蒸馏法通常会去除高级醇类和酮类。结果只会得到一种味道强烈的果汁，充满了青苹果的味道，甚至带着土腥气让人为之头疼。

考虑到苹果白兰地的生产的原始程度，您可能会认为它在北美有着悠久的历史。到了 19 世纪末，苹果白兰地在美国迅速失宠，取而代之的是优质进口白兰地、国产威士忌，以及依照更好的技术标准生产的声望更高的其他烈酒。因此，杰克玫瑰鸡尾酒被发明出来，实在令人吃惊。在混合饮料竞技场上，杰克玫瑰鸡尾酒是苹果白兰地唯一的参与者。

1905 年 4 月 22 日，《国家警察公报》在一则名为“运动调酒师”的招聘广告中首次提到了这款鸡尾酒。这则广告是由弗兰克 · J. 梅（Frank J. May）发布的，他更广为人知的名字是杰克 · 罗斯（Jack Rose），这款鸡尾酒的发明者，因他的名字大受欢迎。

当时，弗兰克 · 梅在新泽西州的帕沃尼亚大道 187 号经营着吉恩 · 沙利文咖啡馆。至于标题中提到的“运动员”一词，广告上是这样告诉我们的：梅热衷于体育运动，作为一个摔跤手，他可以给许多从业人员带来一场精彩的比赛。

不久之后，在 1908 年，杰克玫瑰首次出现在一本鸡尾酒书籍中：由 J.A. 格罗胡斯科（J.A. Grohusko）所著的《杰克的葡萄酒和烈性酒酿造、生产、护理和处理手册》。这个配方需要“10 滴覆盆子糖浆、10 滴柠檬汁、5 滴橙汁、半杯青柠汁和 75% 的苹果白兰地”。然后，按照说明，将碎冰装满玻璃杯，摇匀过滤，倒入气泡水，即可饮用。

有趣的是，格罗胡斯科的配方要求苹果白兰地，而不是更特定的 applejack 白兰地，使用的是覆盆子糖浆而不是当时美国调酒界最爱的改良剂——石榴糖浆。也许最有趣的是饮料中添加的苏打水，比起今天所属的酸味阵营，它更适合菲兹家族。

杰克玫瑰鸡尾酒平淡无奇，巩固其在鸡尾酒历史上地位的事件，可能是它出现在了大卫 · A. 恩伯里的《混合酒优美的艺术》（1948）中。杰克玫瑰酒不仅被收入书中，还被恩伯里列为 6 种最经典鸡尾酒之一，另外 5 种很可能是：戴吉利、曼哈顿、马提尼、边车和古典酒。这是来自有史以来最受尊敬的鸡尾酒作家之一的高度称赞。

恩伯里是完善经典鸡尾酒的大师，即使在今天，他编写的许多配方仍然是首选。也许只是他的味觉超前了半个世纪？恩伯里版本的杰克玫瑰减少了柑橘和石榴汁的用量，让苹果白兰地的味道更鲜明。

JAQUEMOT

杰克莫特

50 毫升“顶起”苹果酒（见第 110 页）、20 毫升过滤柠檬汁

10 毫升果子露、15 毫升蛋清

加冰块，将所有的配料摇匀，然后在不加冰的情况下，再摇一遍并过滤，使之产生泡沫。这款鸡尾酒可置于冰镇后的尼克诺拉杯中饮用。无须装饰，享受自然的味道。

所有关于冷冻提纯工艺的讨论让我口渴。坦率地说，如果我不尝试冷冻提纯一些苹果白兰地，那将是彻头彻尾的疏忽。

幸运的是，我住的地方离康沃尔北部的一家苹果酒生产商很近，所以原料获取并不是问题。海伍德农场以传统方式生产苹果酒，选用大系种不同品种的苹果，用手工木制苹果榨汁机压榨，通过一层层的干草过滤。果汁经过发酵后在橡木桶中储存一段时间。农场的主人汤姆，多年来经常请我喝苹果酒。他在农场举办了许多聚会。回忆有些模糊，但我认为他有。

冷冻提纯可以在家用冰箱里完成，但是如果您想在最后留下适量的酒，就需要腾出足够的空间。因为冷冻提纯法是将发酵后的产品转化为烈性酒的一种非常浪费的方式。不可避免的是，一些酒精会被困在冰冻的水中，以后的每一次冷冻－解冻的过程中都会发生这种情况。

说了这么多，方法确实奏效。

您可能会想买一个浮动的酒精检测仪，来测试苹果白兰地的酒精度，但记住，要在室温（20℃）条件下测试，否则读数会有误。

如果我把所有这些努力都投入苹果白兰地上，那么不放红石榴糖浆就太可惜了。对于我的杰克莫特来说，我用自制的覆盆子和黑莓糖浆为其增加甜度。深色水果和来自果园的水果之间的自然协同作用，很好地体现了秋季压倒一切的主题，以及保存风味以待冬日享受的传统做法。

林果糖浆

500毫升水、150克覆盆子

100克黑莓、30克碎榛子

2克盐、500克糖

可制出1升的量

将除糖以外的所有材料放入自封袋或真空保鲜袋。在60℃的水中煮4小时。滤出液体，趁热加糖，使其变甜。

“顶起”苹果酒

5升农家烈性苹果酒（越烈越好）

每5升酒精度（ABV）为7%的苹果酒含有350毫升纯酒精。为了生产酒精度为40%的烈酒，我们需要将5升的量浓缩到875毫升。我希望我的酒能稍多一点，因为我要在橡木桶里放上几周让它熟化，所以我们就浓缩到900毫升吧！

将冰箱腾出足够大的空间，要能容纳一个5升的塑料容器。任何塑料容器都可以，最好有一个螺旋盖，能够直立。装上苹果酒，但盖子要盖得松些，以免冷冻过程中苹果酒膨胀造成容器破裂。

冷冻后，将容器从冰箱中取出，并取下盖子。如果您用的是带螺旋盖的容器，只要把它倒过来，放在2升的罐子里解冻即可。一个大漏筐也可以用。先浸出的液体酒精浓度相对较高，随着时间的推移，酒精浓度较低的液体融化，酒精浓度会慢慢下降。收集到大约2升后，就扔掉剩下的冰，准备再次重复这个过程。

第二次冷冻/解冻，您需要收集900毫升液体，可以产生酒精含量约为40%的烈酒。您可以用酒精检测仪来测试，或者把液体放回冰箱，若没有冻结，就说明接近酒精浓度了。如果冻结了，您需要再次重复以上步骤！

生产出足够装满一个小橡木桶（见第79页）的苹果白兰地后，把白兰地放进桶里，定期品尝，直到您对结果感到满意为止。对于一只新的3升的桶来说，几周的熟化时间应该足够了。

PISCO SOUR

皮斯科酸酒

50 毫升麦珠皮斯科酒、25 毫升青柠汁
12.5 毫升糖浆（见第 32 页）、1/2 个蛋清
几滴安高天娜苦精

加冰块，摇和苦精以外的所有材料。将冰从摇壶中滤出，然后干摇（不加冰），将更多空气搅入泡沫种。倒入古典杯，最后加入几滴安高天娜苦精。

进口葡萄酒和烈酒到新大陆费时又费钱，因此，北美的殖民地开始用国产谷物生产荷兰金酒和威士忌。在盛产甘蔗的加勒比海地区，从蒸馏器里流出的是朗姆酒。同时，在南美洲太平洋地区，葡萄更适合当地的气候，所以那里的人们酿造了葡萄酒和皮斯科酸酒。

您可能会对皮斯科源自哪个国家有不同的看法，这取决于根据您来自智利还是秘鲁。皮斯科酸酒的情况亦是如此，它是这种特殊烈酒的标志性饮品。酸味鸡尾酒系列可以追溯到杰里·托马斯 (Jerry Thomas) 的《调酒师指南》（1862），它的起源时间更早，可以追溯到 18 世纪的口味酸甜的潘趣酒。

最早提到听起来像皮斯科酸酒的鸡尾酒的书，是 1903 年在秘鲁利马出版的《克里奥尔烹饪新手册》。这本书是用西班牙语写成的，其中包括一种叫作鸡尾酒饮料的配方：

> 一个蛋清，一杯皮斯科，一茶匙细糖，根据喜好加几滴青柠汁，这将开启您的食欲。用一个蛋清和一茶匙细砂糖最多可以做三杯，每杯还可以根据需要加入其他配料。所有这些都是在调酒器中搅拌的，您将做出一杯小潘趣酒。

这听起来很像皮斯科酸酒，不过它没有加入最重要的安高天娜苦精，后者通常会被洒在起泡的鸡尾酒上，非常有仪式感。

接下来，关键的一步可能是维克托·莫里斯迈出的，他是一位移居秘鲁的美国商人，在《克里奥尔烹饪新手册》出版的同一年，他搬到了秘鲁。莫里斯为塞罗德帕斯科铁路工作到 1915 年。第二年，他改变了人生路径，于 1916 年在利马开了莫里斯酒吧。

这家酒吧成了秘鲁上层阶级 [比如印加可乐的英国创始人何塞·林德利（José Lindley）] 和说英语的外籍人士的热门聚会场所。有人说，莫里斯是第一个在酒中使用安高天娜苦精的人，也有人认为这要归功于 20 世纪 20 年代为莫里斯工作的秘鲁调酒师马里奥·布鲁盖（Mario Bruiget）。不过无论怎样，皮斯科酸酒都是一种美味饮品。

事实上，这可能是酸酒系列的最佳延续。皮斯科带有一种未经驯化的酒味特质，与青柠特别搭配。大多数烈酒都能抵抗这种酸度，变得有点中性，但皮斯科酒似乎在它的作用下茁壮成长，它因为柔滑的蛋清质地变得更加出众。

如果还需要进一步证明它的天分，让我告诉您吧：我在酒吧工作的这些年里，威士忌酸是酸味家族中最受欢迎的成员。但最让知情人士兴奋的是皮斯科酸酒。这是一款时髦的鸡尾酒。

TIGER 'S MILK

虎奶

40 毫升魔鬼皮斯科、40 毫升藜麦牛奶

20 毫升青柠檬汁、5 毫升 /1 茶匙糖浆

2 克柠檬香蜂草叶（约 15 片叶子）、4 克干鲣鱼片

1 克 /4 撮剁碎辣椒 / 番椒（挑选一种适合您口味的）0.5 克 /2 撮盐

将所有材料都加入调酒器，静置一分钟。加入冰块，摇和 10 秒钟。双重过滤倒入冷却过的陶罐或古典杯中。我用一串葡萄剩下的茎来装饰这杯酒，以反映皮斯科的基本材料。它为一些本来会直接扔进垃圾桶的东西找到了用途，而且坦白地说，它看起来很棒。

虎奶（又名 Leche de Tigre）是一种很受欢迎的秘鲁宿醉饮品，由酸橘汁腌鱼中流出的汁液制成。它可以唤醒您的记忆。酸橘汁腌鱼是秘鲁最著名的菜肴，是将新鲜的鱼与柑橘汁、辣椒、洋葱、盐和胡椒，以及厨师认为适合使用的其他任何配料一起腌制而成。当然，这样可以做出美味的鱼，也会留下一些鱼腥味十足的腌料。如果您感到前一天晚上皮斯科喝得太多，又相信秘鲁人的话，那么虎奶就是灵丹妙药。

唯一的问题是，没有两个秘鲁人能就在虎奶里放什么达成一致意见。从新鲜的苹果和生姜，到鲜味丰富的高汤和脱水扇贝，一切都是特色食材。大多数人都同意，只有秘鲁人才能做出虎奶，而另一些人则认为，只有来自利马市乔里略斯区的渔民才有这种技术。秘鲁人通常认同的一点是，正宗的虎奶应该是凉的、酸的，而且能让人恢复活力……这并没有与皮斯科酸相差太远，所以为什么不把两种饮料混在一起喝呢？

我的配方是用日本木鱼（日本金枪鱼干）代替鲜鱼，这是我从已故的日本厨师小西俊郎（Toshiro Konishi）那里学来的策略，他是秘鲁和日本融合料理的早期先驱，后来风靡全球。因为金枪鱼在制作过程中是烟熏的，所以会给饮料带来一种微妙的烟熏味，但不会过于腥腻。

一些秘鲁人提倡使用牛奶来生产虎奶。我用商店里卖的藜麦牛奶代替。为什么要用藜麦呢？因为藜麦起源于秘鲁，大约 4000 年前开始在那里种植。为什么要从商店里买呢？因为商店里卖的袋装藜麦牛奶往往含有胶凝剂，会使饮料变稠并稳定下来，减少了我在鸡尾酒中使用蛋清的需要。

为了获得一种新鲜的草药味道，我还加入了柠檬香蜂草叶，它是秘鲁最受欢迎的苏打水——印加可乐的增味剂。至于柑橘成分，我用的是佛罗里达青柠檬，比我们在英国超市里买到的波斯青柠更小，也更多籽。它们的香气更强烈，酸度更高。它们通常在绿色时采摘，成熟时有厚厚的黄色外皮。它们的名字来自佛罗里达群岛（该品种最初是在那里栽培的），但青柠檬在中南美洲到处都有种植。这是唯一一种一年四季都可以种植的秘鲁柑橘类水果。不过，如果您愿意，您也可以使用普通的青柠。

糖和盐平衡了柑橘的味道，提升了鸡尾酒的草本和果味，增加了木鱼的深度。我还使用新鲜的辣椒增加辣味。

秘鲁的酸橘汁腌鱼文化要求食材新鲜，准备高效。虽然这款鸡尾酒有很多配料，但与我的其他作品不同，这款鸡尾酒可以直接用摇酒壶调制。

VODKA
Time stands still in Białowieza, Poland's last remaining primeval forest. So still, the snap of a twig alerts the native Konik to gather and gallop at great speed through the ancient forest. Sure footed on their time-worn path, their shimmering tails brush and blend with the silver birch, stirring up the pure air of this enchanted place.
The primeval Konik is the elusive spirit of the forest. To catch a glimpse is said to ensure a good harvest for the making of great vodka.
KONIK'S TAIL®
VODKA
DISTILLED TO PERFECTION
A BLEND OF GOLDEN RYE EARLY WINTER WHEAT AND
SPELT GRAIN
Silver birch charcoal filtered
PLEURAT SHABANI
Artisan Distiller
PRODUCT OF POLAND
70cl
VELA.

伏特加

V O D K A

INTERVIEW WITH
ANTIDRAFT
WILLIAM
COFFIN
PAGES OF
DREAM CARS
BAKER IN
STEAMIEST
MOVIE SEQUENCE YET
PLUS KEN W. PURDY
JOSEPH WECHSBERG
WILLIAM IVERSEN
SHEL SILVERSTEIN

WHITE RUSSIAN

白俄罗斯鸡尾酒

40 毫升雪树伏特加、20 毫升咖啡利口酒（试试 Conker）
20 毫升双倍奶油 / 浓奶油

您可以摇和或搅拌白俄罗斯鸡尾酒，但我更喜欢把它放在玻璃杯里，以避免顶部产生泡沫。将所有的配料加入古典杯，放入大量冰块搅拌一分钟。

白俄罗斯鸡尾酒并不适合所有人。它在 20 世纪 70 年代和 90 年代后期大受欢迎，这很大程度上要归功于电影《谋杀绿脚趾》中的主角督爷，在电影中，他经常调制白俄罗斯鸡尾酒或喝酒（总共喝了 9 次，其中一次还醉倒在地板上）。

然而，在撰写本文时，白俄罗斯鸡尾酒已经失宠。对质疑来源、可持续性和热量含量的一代饮酒者来说，腻人的咖啡利口酒、没有特色的伏特加和黏稠的奶油都不具吸引力。事实是，不时髦的人会点白俄罗斯鸡尾酒，以为这样会让他们看起来很酷。所以，如同休闲装或熔岩灯，也许是时候把白俄罗斯鸡尾酒随意地装进一辆载客车的后部，送到鸡尾酒的葬身之地了。

但是，在我们舍弃白俄罗斯鸡尾酒之前，有必要强调一下关于这种饮料的两件令人惊讶的事情。首先是它的历史：在哈里·克莱多克的开创性著作《萨沃伊鸡尾酒书》(1930)中，有750种配方，但其中只有4种使用了伏特加。在这4种配方中，有2种含有可可。有一种叫芭芭拉，含有伏特加、可可酒和奶油。这款酒很像白俄罗斯了，但是缺少最重要的咖啡利口酒。芭芭拉的灵感来自于亚历山大——一种以金酒为基础的鸡尾酒，最早出现在雨果·恩斯林1916年的著作《调酒配方》中。

1936年推出甘露咖啡时，咖啡味利口酒首次进入商业市场。它花了好几年的时间才进入鸡尾酒杯，有1946年的《斯托克俱乐部酒吧手册》为证，该手册再次列出了另一个关于芭芭拉的鸡尾酒，名为亚历山大大帝(Alexander the Great)。这款饮品混合了可可酒、咖啡利口酒、伏特加和奶油——一种巧克力白俄罗斯鸡尾酒，如果您愿意的话。

从逻辑上讲，故事的下一部分应该是，有人去掉了可可酒并将名字改成了白俄罗斯？嗯，不完全是这样的。

还记得《萨沃伊鸡尾酒书》里记录了两种含可可酒的伏特加饮品吗？另一种（不是芭芭拉）名为俄罗斯鸡尾酒。这款酒由等量的伏特加、金酒和可可酒组成，是一种糟糕的饮品，但它有充分的理由宣称是1949年发明的黑俄罗斯（去掉金酒，把可可酒换成咖啡利口酒）的前身。该款酒的发明者是在布鲁塞尔大都会酒店工作的古斯塔夫·陶普斯（Gustave Tops），他为在酒吧里闲逛的美国驻卢森堡大使珀尔·梅斯塔（Perle Mesta）发明了这款招牌饮品（由两份伏特加和一份甘露咖啡利口酒做原料）。

人类进入20世纪60年代时，亚历山大大帝和黑俄罗斯（这听起来有点像史诗般的传奇）相融合，诞生了白俄罗斯。1965年11月21日，加利福尼亚州《奥克兰论坛报》首次报道了它。这款酒也曾出现在金馥力娇短命的咖啡利口酒广告中，配方需要金馥力娇酒、伏特加和奶油各1盎司。

读完关于历史的介绍，您大概会想知道，关于白俄罗斯的第二件有趣的事情是什么。好吧，那就是："味道好极了！甜咖啡、奶油和美酒。怎么会不喜欢呢?!"

WHITE RUSSIAN LIQUEUR CHOCOLATES

白俄罗斯利口酒巧克力

200 克白巧克力、1/2 香草豆荚 / 豆子、170 克单一 / 淡奶油
200 克黑巧克力 / 甜度适中的巧克力（最少含 70% 的可可）
35 毫升伏特加、35 毫升意式浓缩咖啡（或非常浓的咖啡）
50 克软化黄油

首先，将 120 克白巧克力放入双层蒸锅或不锈钢碗里，然后把锅或碗放在一锅冒着蒸汽的水上慢慢融化。继续搅拌，等到巧克力温度达到 45℃~50℃时，关火，把剩下的白巧克力和香草豆荚种子 / 豆荚种子一起扔进去。全部巧克力融化，质地柔滑时，倒进模具，确保把模具填满。在金属丝架下面放一个托盘，然后把模具倒放在架子上，这样巧克力就会从模具里流下来。然后，将奶油加热到 80℃，放在一边冷却。使用同白巧克力一样的方法来调温黑 / 苦甜巧克力。加热后，慢慢地把热奶油倒入巧克力中，一次一小滴。完全混合后，加入伏特加和意式浓咖啡，继续搅拌。最后，加入黄油，搅拌至所有食材都融合在一起。这种甘纳许冷却后，把巧克力模具翻过来，用调色板刀刮掉多余的巧克力。将冷却后的甘纳许转移到裱花袋中，然后挤到模具里，注意不要太满。

把托盘里多余的白巧克力融化到40℃，然后倒在模具上，将甘纳许封住。用调色板刀涂抹融化的巧克力，确保模具上没有气泡。让巧克力再静置2小时，然后放入冰箱。它们应该至少可以保质一个月，但我建议您不要放这么长时间！

对我来说，咖啡、奶油和酒听起来就像美味的甜点——提拉米苏，鸡尾酒亦是如此，有人赞同吗？这让我想到了大多数都很糟糕的酒心巧克力。便宜的太甜，令人发腻；昂贵的酒心巧克力里装了太多劣质酒。

我们要为那些价格昂贵的巧克力打抱不平，这不是巧克力本身的错，而是人的问题。我们大多数人都能喝下一杯液态的烈酒，因为我们的味觉经过训练，可以细心地品味它。但当您把品酒和咀嚼混为一谈时，情况就变得糟糕了。固体食物很少含有酒精，在正常的咀嚼过程中，我们通常不会遇到酒精。因此，我们大多数人在日常生活中漫不经心地咀嚼着，深信大多数坚固的东西不会隐藏任何惊喜。但是，如果您不控制住咀嚼的本能，在满是三明治的嘴里倒入一定量的烈酒，您会大吃一惊。同样的道理也适用于酒精巧克力，它要求您咀嚼，而您真正咀嚼时，就会受到惩罚。您赢不了。

我认为这里的诀窍是，将酒精浓度降至可控制的水平，同时保持刺激性。最重要的是，传递风味和保持平衡。

我的白俄罗斯利口酒巧克力由两部分组成：表皮脆壳和夹心。脆壳是由经过调温的白巧克力制成的，夹心里装的是酒味或咖啡味的黑色巧克力酱 / 甜度适中的巧克力酱。

假如您有一些必要的设备，这些巧克力就很容易制作。首先，最重要的是巧克力模具。可以选择各种形状，但一定要使用至少 20 毫升的硅胶模具来塑形。您还需要一把用来刮掉多余巧克力的调色刀、一个温度探头、一个金属丝架、搅拌器，裱花袋、钢碗和隔水蒸锅。

CONDENSED
Beef Broth
(BOUILLON)
SOUP
Campbell's
CONDENSED
Beef Broth
(BOUILLON)
SOUP
Campbell's
CONDENSED
Beef Broth
(BOUILLON)
SOUP

BULLSHOT

公牛子弹鸡尾酒

400 克坎贝尔牛肉汤、150 毫升未过滤雪树伏特加

150 毫升水 · 30 毫升柠檬汁 · 塔巴斯哥辣酱（品味）

4 人份

将所有材料在罐中混合，然后倒在古典杯中的方块上。稍微搅拌一下。如果您愿意，也可以尝试使用其他类似血腥玛丽的配料：伍斯特沙司、胡椒、雪莉酒等。

如果您是血腥玛丽的粉丝，但又总觉得它对您的口味来说太素净了，那么公牛子弹可能就是您一直在寻找的肉质升级版。顾名思义，公牛子弹中含有牛肉，或者更确切地说，是牛肉汤。从什么时候开始，鸡尾酒不再是鸡尾酒，而变成简单的牛肉高汤加一点伏特加？好吧，如果您问我的话，我是这么回答的：公牛子弹在 20 世纪中期受欢迎的程度令人匪夷所思，作为一种付费的、标准鸡尾酒，它的地位很难撼动。

您可能会问，这种鸡尾酒最初是怎么构思的？我得赶紧补充一点，不是某个兽医所为，而是靠底特律某个餐馆经营者的聪明才智。

那一年是 1952 年，莱斯特·格鲁伯（Lester Gruber）的伦敦排骨屋（Chop House）（LCH）不仅是汽车城最受欢迎的餐厅之一，而且在整个北美都是数一数二的餐厅。当时底特律的汽车工业蓬勃发展，包括亨利·福特二世在内的汽车大亨，以及艾瑞莎·弗兰克林（Aretha Franklin）这样的名人，都经常光临这家餐厅，用餐饮酒。请注意，餐厅不仅提供带肉饮品。传奇的伦敦排骨屋每天 9:00~11:00 供应招牌菜，其中包括陈年胡椒（Old Pepper）（黑麦威士忌、波本威士忌、辣酱）和基罗伊晨酒（干邑白兰地、鸡蛋、茴香）等。

到了 20 世纪 50 年代初，这家饭店的生意已经非常火爆，以至于格鲁伯在马路对面开了一家名叫政党会议俱乐部（Caucus Club）的酒吧。正是在这间酒吧，格鲁伯认识了约翰 · 赫利，一位唐 · 德雷柏式的公关主管。当时，赫利正为 100 万罐金宝牛肉汤销售不畅而烦恼，伏特加则迅速成为美国最受欢迎的饮料。美国人乐此不疲地尝试，要在不改变原来味道的情况下把各种液体变成酒，包括牛肉汤在内。

在选择公牛子弹这个名字之前，这种加冰加柠檬的饮料已经被冠以各种名称。“加冰块的汤”（Soup on the Rocks）就是一种称呼，甚至金宝汤自己也在推销，尽管其中没有伏特加（金宝汤当时是一家家庭友好型公司）。其他未经采纳的名称有加冰牛肉（Ox on the Rocks）和斗牛士（Matador）。我个人会去看牛喜剧的。

1957 年，休伯莱恩（Heublein）公司（当时是斯米诺伏特加的所有者）得到了这种饮品的配方，并在《时尚先生》杂志上刊登了这种加牛肉的伏特加饮料的广告。到 20 世纪 60 年代初，这一饮品已经在世界各地享有盛誉，不再是荒诞不经的尝试。这种饮品之所以流行起来，部分原因是它太“另类”，那些买得起酒又个性十足的人异常喜爱这种另类，以此显示他们与众不同。牛肉汤在当时也被认为是一种超级食物。《纽约邮报》的一位记者评论说，这种饮料“富含维生素”。

过了十几年，人们才意识到，咸牛肉汤并不能让人永葆青春，喝再多的伏特加也不会改变这一点。不过此时，公牛子弹已经在历史书上占据了一席之地。

UMAMI BOMB
鲜味炸弹

40 毫升雪树伏特加

10 毫升阿蒙提拉多雪莉酒、150 毫升鲜味高汤

直接将这些成分倒入装满冰块的古典杯中。充分搅拌，然后将一些柚子皮上的油喷在上面，丢弃果皮。

虽然不是每个人都喜欢，但把餐前开胃酒和第一道菜搭配在一起，绝对是一种干净利落的选择。不过，与大多数美味的鸡尾酒一样，公牛子弹更是一种食欲抑制剂，而不是兴奋剂。对我们大多数人来说，这些浓缩的美味饮品会让我们完全打消对固体食物的任何想法。

如果您想享受一顿“液体晚餐”，喝一杯公牛子弹或许是个不错的选择。看看您的腰围吧，您想喝一杯吗？可以试一试公牛子弹：它的碳水化合物和糖含量相对较低，除了酒精以外，一般不含多少卡路里。其实一个标准份的公牛子弹，就像之前的配方中列出的那样，只含有 118 卡路里，其中 90% 以上要归功于伏特加。

公牛子弹会成为下一个健康的饮品吗？可能不会，人们越来越意识到食用肉类和肉制品对健康的负面影响（更不用说它们对环境的影响），这样的社会肯定不会推崇它。

但是，满足于咸味鸡尾酒，而不是酸甜味鸡尾酒的想法并不坏。当然，血腥玛丽并不是个很遥远的目标，但这种饮品很大程度上依赖于我喜欢的番茄汁的咸味，而番茄汁的质量差异很大。要想尝到真正的美味，我们最好看看亚洲菜以及菜单上大量出现的鲜味浓郁的高汤。无论是出汁、味噌、酱油、蘑菇、裙带菜（一种从8世纪开始在日本种植并颇受欢迎的海产蔬菜），所有这些素食食材都具有同样浓郁的鲜味。因此我们有很多机会随心所欲地创造一种咸味鸡尾酒，它拥有公牛子弹的全部风味，只是更浓缩、更精致，更有益健康！这款饮品需要带有少许咸味的淡味高汤。我还加入了一点阿蒙提拉多雪莉酒，这样能增加坚果的咸味，也会加入一些柔软的干果味。以黑麦为原料的伏特加里加了胡椒调味料。

鲜味高汤

1升/夸脱水、10克捣碎的昆布、50克干蘑菇

20克白味噌酱、0.5克/一撮黄原胶

2克盐、15克甜米酒

在平底锅中煮开一半的水，加入昆布和蘑菇。静置30分钟，然后过滤备用。在浸泡混合物的同时，将味噌酱、黄原胶、盐和黄米酒混合在一个中等大小的碗里，洒上少量水，用浸入式（棒式）搅拌器快速搅拌均匀。继续加入剩余的水，搅拌混合。加入滤好的海带/蘑菇水，然后装瓶冷藏（这种混合物可以保存一周）。

BLUE LAGOON

蓝色珊瑚礁

30 毫升雪树伏特加、20 毫升波士蓝橙力娇酒
15 毫升青柠汁、圣培露柠檬水（柠檬汁）

将前三种配料加入加满冰块的高球杯中，搅拌 30 秒，再加更多的冰，然后边搅拌边加满柠檬水。用一片橙子做装饰。

蓝色鸡尾酒只能在水平位置饮用。它们俗气可笑，而且往往很有趣——具有讽刺意味的是，它们根本不是蓝色的。蓝色鸡尾酒也有可能非常美味。有些人对此感到惊讶，那是因为他们不知道蓝色的味道是什么。我们将在我“真正的蓝色鸡尾酒”（见第 136~138 页）中详细讨论这个问题，但首先让我们来看看其中颜色最蓝的鸡尾酒——蓝色珊瑚礁。

这种酒的颜色奥秘，当然来自蓝色的库拉索岛。库拉索岛是加勒比海的一个岛屿，离委内瑞拉海岸不远。这个岛的名字来自于葡萄牙语中的“治愈”一词，这个词源于患有坏血病（维生素 C 缺乏症）的水手吃了这个岛上的水果后奇迹般恢复了健康。西班牙人在 16 世纪早期将瓦伦西亚橙引入该岛，但在加勒比海干燥的高温下，瓦伦西亚橙枯萎、变绿，从未成熟的树上脱落。这种新柑橘 (Citrus aurantium currassuviencis) 在当地被称为库拉索苦橙（Laraha），太苦而不能吃，被用来制作芳香油和利口酒。17 世纪 30 年代荷兰共和国宣布脱离西班牙独立后，荷兰殖民者开始占领库拉索岛。他们把这种利口酒带到了欧洲，并把它命名为库拉索。

没有人知道蓝色库拉索出现的原因，但蓝色库拉索在 20 世纪 20 年代美国出台禁酒令之前就已进入美国。有证据表明，波士公司曾出售过其他颜色的库拉索，这表明蓝色并不是专门选择的颜色，而是众多颜色中的一种。不过，碰巧是蓝色的被卡住了。

到 20 世纪 50 年代，波士公司加强了销售策略，将蓝色库拉索的销售拓展到欧洲市场，并在美国将其作为鸡尾酒原料销售。1957 年，当波士公司夏威夷销售代表让夏威夷威基基海滩希尔顿度假酒店的首席调酒师哈里・伊（Harry Yee）设计一款蓝色鸡尾酒时，他大概也是这么想的。随后的蓝色夏威夷酒含有伏特加、朗姆酒、蓝色库拉索、菠萝汁、柑橘和糖。一个更合适的名字应该是绿色夏威夷，因为将菠萝汁（黄色）同蓝色库拉索（蓝色）相混合，呈现出的就是一杯绿色的鸡尾酒。很棒的尝试，伊先生。

大约在同一时期，在大西洋的另一边，安迪・麦克艾霍恩（传奇调酒师哈里・麦克艾霍恩的儿子）在巴黎的哈里纽约酒吧用新推出的蓝色库拉索开发了一种鸡尾酒。他的鸡尾酒显然是蓝色的，因为除了库拉索以外所有的配料都很清晰：金酒、伏特加、柠檬水、青柠汁、糖。他把这款鸡尾酒称为蓝色珊瑚礁。

蓝色珊瑚礁实际上是一种非常美味的鸡尾酒，尽管外表华丽，名字俗气。酒香是柑橘味的，来自橘子、柠檬和青柠的"三位一体"。在这方面，蓝色珊瑚礁与大都会很相似，它奇怪的颜色会让您感到困惑，但从最简单的方面讲，它传递了一种柑橘味的混合口味。像这样的鸡尾酒，其美妙之处在于它很宽容，而且易于根据个人的口味定制。您可以调整青柠汁的量来平衡甜度，或者选择酸度适中的柠檬汁，如果您喜欢，完全可以去掉青柠和糖。

TRUE BLUE

真正的蓝色

50 毫升雪树伏特加

50 毫升蓝莓灌木鸡尾酒

100 毫升苏打水。

在冰块上搅拌伏特加和果汁甜酒，滤入冷却过的高球杯，倒入冰镇的苏打水。

蓝色饮料是个谜。是什么让它们如此令人向往？蓝色是从哪里来的？最重要的是：蓝色到底是什么味道？

看看周围。自然生长的蓝色植物很少。您会看到蓝色罂粟花、蝴蝶豌豆花和蓝色龙胆花，但许多名字里有蓝色字样的花实际上是紫罗兰色或紫色（嘿，蓝铃花）。还有蓝莓，它们也不是真正的蓝色——更像是一种尘土飞扬的灰靛蓝色。当我们的大脑试图确定蓝色食物或饮料的味道时，我们往往会依赖于真正吃进嘴里的唯一蓝色的东西：糖果和漱口水。

在糖果的世界里，颜色尤为重要，因为它向最顽固的品尝群体，也就是孩子们，传达了产品预期的味道。在西方国家，黄色代表柠檬；红色代表草莓（或樱桃）；白色代表香草；橙色代表橙子；绿色代表苹果（或青柠）；紫色代表黑醋栗。如果篡改这些规则，就要准备好面对孩子的愤怒。

我们自幼就知道这些颜色和味道的搭配关系，而且我们提到的大多数颜色都是自然生长的水果颜色，因此这种联想在我们脑海里根深蒂固，无懈可击，拒绝改变的程度令人惊讶 。您可能要吃很多年黄色的草莓糖果，才能建立起黄色和草莓味之间的交叉关系。

2010 年牛津大学实验心理学系的马尤·尚卡尔（Mayu Shankar）领导的一项研究发现，年轻的英国参与者将蓝色与覆盆子的味道联系在一起，而年轻的中国台湾参与者则将蓝色与薄荷的味道联系在一起。因此，人们对蓝色的预期味道确实因文化而异。在西方，覆盆子味的蓝色可能出于一种设计上的考虑，目的是为了将它与红色的草莓味糖果区分开来，一些软饮料继续遵循这一惯例。

然而，并不是所有的蓝色糖果都是覆盆子味的。1995 年，M&M 's 在公众投票选择该系列的下一种颜色后推出了一款蓝色的糖果。1988 年，聪明豆（Smarties）公司推出了一款蓝色版本的糖果。当他们在 2006 年撤下这款糖果时（由于缺乏天然的蓝色食用色素），许多人认为，做出这个决定是因为蓝色色素会导致儿童多动症。研究发现，聪明豆所使用的蓝色色素与多动症没有关系，所以这种联系可能只是因为颜色的“非自然性”，甚至可能是因为这种颜色与电的关联！

根据我的经验，蓝色覆盆子口味的产品尝起来一点也不像覆盆子。这可能是因为它们不是红色的，而且蓝色和覆盆子之间的交叉连接还不足以让我的大脑建立起二者的联系。

不过，蓝色的软饮料往往不会使用天然的覆盆子口味，所以它们往往缺乏覆盆子所具有的那种万花筒般的圆润果味。覆盆子很好吃，所以我准备做一种蓝色覆盆子浸剂，可以用在蓝色珊瑚礁鸡尾酒里。

BLUE RASPBERRY SHRUB

蓝莓灌木鸡尾酒

700 毫升雪莉醋、500 克新鲜覆盆子、2 克琼脂、150 毫升冷水
200 克糖、2 克盐、蓝色天然食用色素
可做约 500 毫升的量

为了使这种鸡尾酒呈现出浓郁的蓝色，需要使用第 65~69 页介绍的技术来澄清灌木鸡尾酒。请注意，我们不会接近完美的澄清，但会消除一些粉红色调，将使调好的鸡尾酒呈现紫色的偏蓝色调。

将醋和覆盆子放在自封袋里，放入 50℃的水浴中浸渍 2 小时。浸渍后，将覆盆子从醋中滤出，保留液体。接下来，在一个大的平底锅里把琼脂和冷水混合，煮开，在加热的同时充分搅拌。现在把过滤好的醋倒入琼脂溶液中，搅拌均匀。把锅放进冰箱里，等它凝固。然后按照第 65~69 页的说明进行澄清过滤。加入糖和盐，然后加入色素搅拌，直到达到您想要的蓝色效果（记住酒会被苏打水稀释）。

VODKA MARTINI

伏特加马提尼

50 毫升雪树伏特加

10 毫升干味美思

加冰搅拌两种配料，至少 90 秒。滤入冷冻过的马提尼杯。用少许柠檬喷雾装饰，然后丢弃果皮。我讨厌柠檬皮在我的马提尼杯中漂浮，很碍事，而且会导致酒的后半部分完全是柠檬味。不要这样!

在 20 世纪初，任何听说过伏特加的美国人都认为它是一种乡下人的饮料。1905 年，一份药剂师期刊《药刀》（*The Spatula*）中写道，喝下酒精灯里的致命酒精也能“享受”同样的酒味。他接着得出结论：“‘伏特加’可能适合莫斯科人在严冬里喝，但在我们这样的气候条件下，永远不可能受欢迎。”他们大错特错了。

关于伏特加鸡尾酒的书面记载最早出现在 1903 年，发表在纽约民主期刊《坦慕尼时报》上，内容说的是，一个虚构出来的俄罗斯渔民，名叫朗姆散威士忌（Rumsouranwhisky），总是醉醺醺的，为了稳定神志，在喝下一两杯鲸油伏特加鸡尾酒后，加入并摧毁了一个虚构的日本舰队。但由于鲸油（鲸脂）

几乎不能算作一种配料，我们将回归到第一款真正意义上的伏特加鸡尾酒，它于 1911 年出现在新奥尔良圣查尔斯酒店的菜单上。这款酒恰如其分地命名为“俄罗斯鸡尾酒”，由三份伏特加和两份俄罗斯樱桃利口酒调制而成，同年出现在一本鲜为人知的鸡尾酒著作《豪华饮料》里。

尽管在其他几本鸡尾酒书中也有象征性的提及，但直到“二战”后，伏特加一直保持着模糊而激烈的名声。然而，情况很快就会改变，从 1950 年到 1955 年，进口到美国的数量从 5 万箱增加到 500 万箱。金酒和威士忌是老一代人值得信赖的烈酒，但很容易被酷炫的“新”冷战时代烈酒取代。马提尼鸡尾酒排在队伍的最前面。

第一次提到伏特加马提尼的书，是大卫·A. 恩伯里（David A Embury）的《混合酒的优美艺术》（1948）。在这本书中，恩伯里为中杯伏特加马提尼提供了一种配方，混合了法国和意大利的味美思和杏子白兰地。恩伯里提到，在经典马提尼中，伏特加可以代替金酒，这时就得到了伏特加马提尼。

在泰德·索西耶（Ted Saucier）1951 年的作品《干杯》中，同样的鸡尾酒被伪装成伏特加马提尼，并要求 4/5 量杯皇冠伏特加和 1/5 量杯干味美思，用柠檬皮做装饰。在后来出版的《混合酒的优美艺术》一书中，恩伯里把同样的伏特加马提尼称为袋鼠，这个词至今仍在流传，尽管没有人弄清楚这种酒和袋鼠这种有袋动物的关系从何而来。

然而，20 世纪 50 年代的文学作品，特别是小说，对伏特加马提尼的声名远扬有更大的影响。詹姆斯·邦德是伏特加马提尼的同义词，虽然他并没有对这种饮品造成任何损害，但电影改编版极大地夸大了邦德对伏特加马提尼的依恋。邦德是个酒鬼，但他更喜欢威士忌和香槟，而不是伏特加。也就是说，他在《太空城》（1955）里与 M 一起喝纯沃夫斯密特伏特加。在那里，他把黑胡椒倒进杯子里，说道：“在俄罗斯，您会喝很多浴缸里的烈酒，所以往杯子里撒一点胡椒粉是大家都懂的事。它让杂醇油沉到了底部。”

在第一部邦德小说《皇家赌场》（1953）里，邦德以邀请调酒师调一杯维斯珀马提尼（由金酒、伏特加和基纳利莱开胃酒调制而成）而闻名，但在第二部小说《生与死》（1954）中，邦德喝到了他人生中第一杯真正的伏特加马提尼。在书的最后，弗莱明提供了轻松的配方（6份伏特加、1份味美思，摇匀）。

EXPLODED VODKA MARTINI

爆炸伏特加马提尼

50 毫升雪树单一庄园黑麦伏特加

10 毫升甘嘉白味美思

5 毫升 /1 茶匙高压纯露

把所有材料都加到装有冰块的搅拌杯里。搅拌 90 秒，然后滤入冷却过的郁金香杯。不用装饰。

2011 年 4 月 29 日，也就是威廉王子和凯特·米德尔顿举办婚礼的那天，我的第二间酒吧——崇拜街口哨店——开业了。虽然不是有意而为之，但这似乎是个合适的日期，因为我们那 120 人的场地被设计成一个维多利亚时代的金酒酒店。在维多利亚女王执政期间（1837~1901 年），工业、文化和政治发生了巨大变革，同时人们的饮酒习惯也发生巨大变化，从格鲁吉亚时期的潘趣酒演变成了鸡尾酒。呼啸酒吧的开业是当时的一项庆祝活动。

尽管第一份菜单上的大多数鸡尾酒在配方上都是经典的，但所有的鸡尾酒都以现代、创新的花式装饰，让它们与众不同（就像这本书一样）。通常，这些创新给人一种“疯狂”的感觉，我们希望让客人感觉到，他们正在体验弗兰肯斯坦的实验室，或在探索福尔摩斯的思想。菜单上的一种鸡尾酒曾被“辐射”过；另一种含有“被移除的奶油”。整个体验是为了让人头脑发昏，有点困惑，但大多数情况是感受乐趣。

大部分的开发工作是由瑞安（Ryan Chetiyawardana）完成的，他当时是我们的酒吧经理，但后来开了自己的酒吧，获得了奖项（并出版了几本书）。瑞安善于把历史上模糊不清的鸡尾酒概念变成真正美味的饮料。爆炸伏特加马提尼就是他发明的。这款鸡尾酒和维多利亚时期的鸡尾酒并无直接的联系，而是颂扬了那个时代一些在工程学领域取得巨大成就的伟人：爱迪生、斯蒂芬森、法拉第……更不用说发明蒸馏器的埃涅阿斯·科菲了。

这款鸡尾酒的制作很简单，因为它只包含 3 种配料：伏特加、干味美思，以及加入芫荽籽、黑胡椒和荜茇的水蒸馏液（水溶胶）。在正常情况下，可以使用任何类型的蒸馏器来制作水溶胶，这个过程与制作金酒的过程类似，只是用的是淡水而不是中性酒精。但对于这款鸡尾酒，我们感兴趣的是提取难以获得的硬香料中的泥土味道，这种味道通常只有在长时间高温烹饪时才会显现出来。希望这些丰富的香料能与雪树伏特加的黑麦特性很好地搭配。

在正常温度（水在 100℃沸腾）下操作蒸馏器，我们发现蒸馏器没有足够的能量，不足以提取那些浓郁的辛辣味道。就在这时，瑞恩想到了把高压锅变成蒸馏器的主意（正如您一样）。

任何液体的沸点都是由周围的大气压决定的：周围的大气压越高，液体的沸点越高。大多数高压锅在高于大气压 1 巴时，水的沸点提高到 121℃。当目标是提取大量风味时，额外的 21℃大有帮助，可以为提取风味图上的额外化合物的味道开辟蹊径。所有的高压锅都有一个放气阀，一旦达到最大压力，就会打开，释放蒸汽。通过一个连接冷凝器的倒置玻璃漏斗，可以收集到一种前所未有的丰富的植物液体。我们称这种方法为卡隆蒸馏（kabom - still）。

HIGH-PRESSURE HYDROSOL
高压纯露

1升水、200克香菜籽

100克全黑胡椒粒、100克菝葜根

任何形式的蒸馏都能充分地提取出这些产品的味道，但要获得最佳效果，还是使用高压锅蒸馏的方法。我使用一个固定支架将所有东西固定到位，并将一个向上的漏斗连接到一个玻璃冷凝器单元的塑料管上。冷却冷凝器的完美选择，是将一个小型的潜水泵浸没在一碗冰水中。将高压锅放好，使排气阀直接位于漏斗下方。加入所有配料，盖好盖子，然后把火调到最大。当蒸馏物凝结时，将之收集在玻璃杯里，并存放在冰箱里，您想用时可以随时取用。

LONG ISLAND ICED TEA
长岛冰茶

25 毫升雪树伏特加、25 毫升唐胡里奥珍藏银标龙舌兰酒
25 毫升必富达金酒、25 毫升阿普尔顿招牌朗姆酒
25 毫升莫蕾橙皮甜酒、15 毫升柠檬汁 / 可乐

把除了可乐以外的所有材料都加到加冰的高球杯里。充分搅拌，彻底混合所有成分。再加满冰块，然后倒满可乐。用柠檬皮圈装饰。

这是一款非常让人困惑的酒，我想，对于一款含有 5 种不同基酒的鸡尾酒来说，这并不奇怪。

我刚开始当调酒师时，有人告诉我，长岛是禁酒时期的饮料。人们的推论是，它看起来像冰茶，所以被称为冰茶，尽管它是一种酒精饮料，又恰好根本不含茶。我们很容易想象，警察突袭纽约长岛附近的一家酒吧，令他们沮丧的是，他们发现每个人似乎都在用高脚杯喝冰茶。

长岛冰茶的发明背后是一个非法的、以禁酒为主题的故事，后来主教老人（Old Man Bishop）的故事再次印证了这一点。这位田纳西州长岛的居民在 20 世纪 20 年代发明了一种叫作“等着吧，主教老人”的饮料，里面有朗姆酒、

Havana Club
IMPORTADO
Club
RON
FUNDADA

伏特加、威士忌、金酒、龙舌兰酒和枫糖浆。在我看来，故事的起源似乎是紧密相关的。

但如果您用谷歌搜索“谁发明了长岛冰茶？”您一定会碰到罗伯特·巴特。这名男子声称自己在1972年发明了这款鸡尾酒，当时他在长岛的橡树滩酒馆工作。他甚至还有一个网站，告诉我们：

> 我参加了一个鸡尾酒创作比赛。橙皮甜酒必须包括在内，瓶子开始飞舞。我调制的这款酒一饮而红，很快就成了橡树滩酒馆的招牌饮品。

巴特承认，类似的混合物可能在别的时间和地点被创造出来，但他不知道的是贝蒂妙厨1961年出版的《新绘本烹饪书》。长岛冰茶的第一个印刷食谱是在这里出现的，随后是弗吉尼亚·T.哈比布的《美国家庭通用食谱》（1966）和1969年出版的《潘趣》。看起来巴特先生可能一直在说他的……好吧，您懂的。

对于这种鸡尾酒，几乎不需要介绍它的成分。可乐和柠檬汁，再加上等量的金酒、朗姆酒、龙舌兰酒、伏特加和橙皮甜酒。一想到把这些酒混在一起，几乎每个人都会感到不安，从口味的角度来看，我对此当然能理解。但是如果您认为，将这五种烈酒混合在一起喝，比喝含有等量酒精的由一种或两种烈酒调制的鸡尾酒更容易醉，那您就要失望了。没有证据表明混合饮酒会增加您的醉酒程度，或者增加您遭受严重宿醉的可能性。真正导致醉酒的是在短时间内大量饮酒，这种行为往往与喝不同的酒……加上长岛冰茶密切相关。

WILBURY SOUR

威尔伯利酸

60 毫升威尔伯利烈酒、20 毫升新鲜柠檬汁
10 毫升糖浆、1/2 蛋清、苏打水

加冰块，摇一摇所有的材料，然后过滤，在不加冰的情况下，再次摇一摇，使之产生泡沫状的顶部。倒入冰镇的高球杯。加满苏打水。

注意：我也试过用蛋黄代替蛋清（金色的气泡），效果非常好！

让我们从长岛冰茶开始，先搞清楚一件事：长岛冰茶的成分中有一半是完全没有意义的。

并不是说它们没用（毕竟我们说的是酒精），而是它们没有提味的作用。以伏特加为例。当伏特加浸渍在龙舌兰、柑橘和可乐里时，您不可能品尝到它的味道。当然，您会喜欢它提供的酒精，但是使用更多的龙舌兰酒也会有同样的效果。金酒在这里也很难引起注意，对于大多数酒吧青睐的未陈化的古巴式朗姆酒，情形也是一样的。

所以只留下橙皮甜酒、龙舌兰、柑橘和可乐（没错，长岛冰茶基本上就是可乐味的玛格丽特酒，上桌时间长）。我承认，它的味道还不错，但这并不能掩盖事实的真相：长岛冰茶是粗心调酒的产物。那一长串完全不同的烈酒让您胆大妄为，因为它听起来太荒唐了。它是一个可爱但有点邪恶的混血儿，生活在一个从纯正烈酒演变而来的经典鸡尾酒世界里。

因此，在鸡尾酒的制作中有一条不成文的规定：不应在同一种鸡尾酒中混合两种不同的基酒，否则往往会污染酒体，牺牲细微差别性，让口味变得模糊不清，失去了定义饮料基因的重要意义。长岛冰茶就是个典型的例子。

但是规则（特别是不成文的规则）是用来被打破的，因此我想到，是否有可能将 4~5 种不同的烈酒结合起来，创造出某种真正优于部分混合的烈酒？也许是烈酒之旅中的威尔伯利？

严格地说，混合烈酒并不是什么新鲜事。大多数烈酒都以这样或那样的方式混合，无论是用同一家酿酒厂的木桶混合，还是像混合苏格兰威士忌那样，用多家酿酒厂的烈酒混合。然而，在这款酒里，我将用来自 5 个不同地区，由 4 种不同基础材料酿造的烈酒调酒。同样的原则也适用于在前调、中调和尾调之间建立芳香的和谐，实现良好的口感和浓郁的味道。

我的出发点是干邑白兰地。我会用其他烈酒放大干邑的各种特性，最终得到一种与众不同的变种干邑。陈年农业朗姆酒将引入热带水果、香蕉和轻微的植物特征；在雪莉酒桶中陈酿的单一麦芽会带来浓郁柔软干果的低调；柑橘类伏特加会带来柠檬味的前调；苦艾酒会在中腭增加茴香味和更浓郁的植物特性。

这种酒单独尝起来味道很好，但这是长岛冰茶的一种变体，所以我把它作为一种直接起泡的菲兹鸡尾酒奉上。

威尔伯利烈酒 WILBURY SPIRIT

200 毫升 VSOP 干邑白兰地（试试轩尼诗或法拉宾）

125 毫升雪莉桶单一麦芽威士忌（试试格兰花格 15 年或麦卡伦 12 年）

75 毫升陈年农业朗姆酒（试试嘉冕法式朗姆酒或三河朗姆酒）

75 毫升柑橘伏特加（试试雪树柑橘或坎特一号雪铁龙）

25 毫升苦艾酒（试试柯蓝或贾德 1901）、500 毫升的量

PLYMOUTH

金酒

G I N

WILKIN & SONS LTD
TIPTREE ESSEX

BREAKFAST MARTINI

早餐马提尼

50 毫升必富达 24 金酒、15 毫升君度

15 毫升柠檬汁、10 克橘子果酱

将所有材料倒进摇壶，先将果酱用勺子搅拌至溶解，再加冰块，摇匀 10 秒钟。将酒双重过滤至冷藏过的马提尼杯中，用一层薄薄的橙皮作为装饰。

我认为早餐喝普通的干马提尼并没有什么错，但我可以确定地看出，为什么稍微稀释的金酒和一点点味美思可能不适合每个人的日常早餐（肯定是用橄榄装饰）。也许正因为此，1996 年，萨尔瓦多·卡拉布瑞希大师发明了一种与一碗玉米片搭配得更好的佐料。

当时萨尔瓦多在伦敦的兰斯伯雷酒店经营着一间图书馆酒吧，我认为，没有比在豪华酒店的酒吧里提供早餐鸡尾酒更好的地方了。这款酒颇受欢迎，所以当萨尔瓦多第二年去纽约推销他的《经典鸡尾酒》时，他说服传奇调酒师戴尔·德格罗夫，让他在纽约的彩虹房间酒吧供应这款酒。据萨尔瓦多说，戴尔认为他在鸡尾酒里加橘子果酱是疯了。

这款鸡尾酒与本书中提到的至少两种经典的萨沃伊系列鸡尾酒有很多相

似之处。首先是僵尸复活 2 号（见第 175~177 页），其令人精神振奋的酸甜味道使早餐马提尼当之无愧地成为前一天晚上过后早晨到来时的混合饮料。第二个是白色佳人（见第 181~182 页），区别在于没放蛋清（大多数人都认为蛋清对白色佳人来说是必不可少的），此外橘子果酱的比例稍微调整了一下。

但这并不是哈里·克莱多克唯一与这款酒有关的鸡尾酒。还有橘子果酱鸡尾酒。最初印在克莱多克 1930 年的著作《萨沃伊鸡尾酒手册》中，这款果酱鸡尾酒原本打算供 6 个人喝。克莱多克说：这种鸡尾酒尝起来苦中带甜，特别适合做午餐开胃酒。这款饮料需要 2 甜点匙（原文如此）的橘子果酱，1 个大柠檬或 2 个小柠檬的汁，4 杯金酒，摇匀后用橙皮做装饰。

就我个人而言，我觉得橘子果酱鸡尾酒有点太酸了。一点糖浆很快就能解决这个问题；另一种选择是橙皮甜酒。当然，到那个时候您喝的是早餐马提尼了。

萨尔瓦多告诉我，这款鸡尾酒的灵感不是来自以前的鸡尾酒书籍，而是来自他的妻子。作为意大利人，萨尔瓦多没有吃早餐的习惯——一杯浓缩咖啡就足够了。但是，工作到很晚会对健康造成危害。有一次，他从床上爬起来，看上去特别憔悴，有人强行往他嘴里塞了一片涂了果酱的吐司。他说："这种苦中带甜的味道让我想起了一杯优秀鸡尾酒的酸甜平衡。"接下来的过程很简单：金酒令人清醒；橙皮甜酒提升甜度，并增加柑橘的芳香；柠檬平衡各种味道。

有些人可能会说，早餐马提尼只不过是白色佳人的一种变体，或果酱鸡尾酒的一件复制品。对我而言，无论是萨尔瓦多自己改良了这种酒，还是他完全独立创制了这种酒，都是一种武断的说法，因为我们可以肯定的是，1997 年的时候，很少有调酒师在调鸡尾酒时使用果酱。萨尔瓦多改变了这一现状，发明了一种美味的创新鸡尾酒。他使用每个家庭、餐厅都常用的原料，从那时起，果酱也成了酒吧的常用配料。

CONTINETAL MARTINI

欧陆马提尼

20 毫升冷锡兰茶、10 克椴树蜜、20 毫升涡轮佛手柑汁（方法见下文）
50 毫升赫普金酒、15 克蛋清

用土豆削皮器处理 5 个佛手柑。尽可能避免髓核。称一下皮的重量，放进自封袋里，加入和它们和同样重量的水。这些应该足够调制 10 杯鸡尾酒。将袋子放入 60℃的水中浸渍 4 小时。在煮果皮时，把佛手柑榨汁，用平纹细布/粗棉布过滤。当果皮煮过 4 个小时后，把它们滤出来，保留液体。接下来，将佛手柑汁和果皮汁液按 3：1 的比例混合。这就是涡轮佛手柑汁，如果您喜欢，可以把果汁放入 20 毫升的冰块模具中冷冻，需要时再从模具里拿出。

调制这款鸡尾酒时，把所有材料都加到摇壶里（先解冻佛手柑汁），加冰块摇匀。然后，在不加冰的情况下再摇一摇，倒入冷却过的马提尼杯。

在萨尔瓦多发明了他的早餐马提尼酒后不久，另一款鸡尾酒在纽约市被开发出来。这款鸡尾酒的创造者是奥德丽·桑德斯，她当时在卡莱尔酒店的比梅尔曼斯（Bemelmans）酒吧工作。奥德丽的鸡尾酒也有早餐主题，它是基于金酒和柠檬汁，需要用到伯爵茶萃取的金酒，但没有使用橘子果酱。她把这款鸡尾酒命名为伯爵茶马提尼。

也是在那个时候，我从上面提到的饮料中得到一些灵感，开发了一种鸡尾酒，需要金酒、伯爵茶、葡萄柚汁和蜂蜜。我把它命名为欧陆马提尼，因为所有的食材（好吧，也许不是金酒）都是欧陆式自助早餐的特色。事实上，所有食材都倾向于很好地搭配在一起。

蜂蜜和柑橘类水果很容易搭配，蜂蜜是一种很棒的替代甜味剂，可以用于各种鸡尾酒中。蜂蜜和金酒搭配也很好——看看奥德丽·桑德斯的另一款作品蜂之膝（Bee 's Knees）就知道了，它的甜度和回味的深度提升了香料的大地气息，还有茶香。

茶类鸡尾酒确实没有得到应有的重视，何况茶在 17、18 世纪就被广泛用于潘趣酒中。如今上桌的饮品很少会利用茶的味道和复杂性。我最初的配方是伯爵茶，用佛手柑油调味。这种柑橘油来自一种中小个头的黄色或绿色橘子的果皮。唯一的问题是，大多数格雷伯爵茶的调味料都模仿了佛手柑的鲜明风味。事实上，地球上可能没有足够的佛手柑来给人们饮用的格雷伯爵茶调味，而且大部分天然精油最终会被用在化妆品中，而不是茶包中（大约三分之一的香水都含有佛手柑）。

2000 年的时候，粉色葡萄柚汁是佛手柑很好的替代品，但是在 2010 年左右，当我终于遇到新鲜的佛手柑时，这种水果的强烈香味吸引了我，所以我换掉了葡萄柚（对不起，葡萄柚，我仍然爱你）。因此，我也用高质量的锡兰茶代替了格雷伯爵茶，锡兰茶含有大量柑橘类的特性。

上面的配方需要新鲜的佛手柑，这比以前更容易买到，但仍然是水果专卖商的专利。您的佛手柑很可能来自意大利南部，在深秋和初冬都能买到。鉴于佛手柑的稀缺性（价格也很高），您必须充分利用这种水果，所以我提出了一些保存宝贵的佛手柑皮油的策略，并且，我建议您对多余的果汁进行冷冻。

蛋清是可选的，但是可选性要小一些。这是因为茶叶中的单宁酸味道很涩，蛋清中的蛋白质与单宁酸结合，可以软化这种涩味。

By Appointment to Her Majesty the Queen
Gin Distillers
Booth's Distilleries Limited London
BOOTH'S
Finest Dry Gin
26·6 FL. OZS. 70° PROOF
Produced in London England
Clerkenwell Road London EC1

HANKY-PANKY
翻云覆雨

40 毫升普利茅斯金酒、40 毫升马提尼红味美思
5 毫升 /1 茶匙菲奈特布兰卡利口酒

将所有材料倒入搅拌杯中，加入大量冰块。搅拌至少 1 分钟，然后滤入冰镇的马提尼杯。在上面喷上一小片橙皮油。

我不确定现在是否还有人在日常对话中使用“翻云覆雨”这个词。它已经成为一种描述不正当关系的过时、老土的方式，而且往往只会出自那些过于拘谨的人之口，无法提供有关这种关系的更多具体细节。

但如果您在 20 世纪 50 年代之前卷入过翻云覆雨，就不太可能涉及性行为。在 19 世纪末，翻云覆雨的含义范围更广，涵盖了各种不道德或不正当的行为。

这个词在 19 世纪 30 年代首次出现时，与超自然的诡计以及对鬼魂和幻影的信仰有关。也许这个短语来自更古老的“hocus-pocus”（骗术）。毕竟，它们的首字母相同，押头韵，并且定义相似。也可能是因为这个原因，“翻云覆雨”（hanky-panky）被魔术师广泛采用来描述幻觉和诡计手法。

1912 年，“Hanky Panky”是在纽约百老汇剧院上演的一部短暂音乐剧的名字。这个短语已进入了普通艺人的词典，这是一件重要的事情，因为正是一位戏剧演员为翻云覆雨鸡尾酒命名，我们要感谢他。

这与舞台剧发生在同一时间，但具体细节难以得知。我们所知道的是，这种鸡尾酒是由伦敦萨沃伊美式酒吧的阿达·科尔曼发明的。1903 年至 1924 年，科尔曼在萨沃伊酒店工作，当时女性不允许在那里喝酒。

科尔曼为演员查尔斯·霍特雷（1858—1923）发明了翻云覆雨鸡尾酒。在他没有主演伦敦西区的音乐剧和无声电影时，他花了大量时间用于赌博、喝酒和结婚 / 离婚。科尔曼在 1925 年向《人民报》讲述了翻云覆雨创作背后的故事：

> 已故的查尔斯·霍特雷……是我认识的最好的鸡尾酒评委之一。几年前，当他过度工作时，他常常走进酒吧，说：“科利，我累了。给我来点有冲击力的东西。”就是为了他，我花了几个小时尝试，直到发明了一种新的鸡尾酒。下次他来的时候，我告诉他，我为他创造了一种新酒。他呷了一口，然后一饮而尽，说道：天哪！这才是真正的翻云覆雨！”从那以后这款酒就一直叫这个名字。

该款酒由等量的干金酒和甜味美思，少许菲奈特布兰卡和一块橘子组成。它需要更多的现代干金酒而不是老汤姆金酒，本质上是一种添加菲奈特的甜马提尼，这表明它是在 20 世纪第一个 10 年里构思的，出现在 20 世纪头 10 年早期马提尼鸡尾酒使用干金酒和干味美思的流行趋势之后。这种鸡尾酒与金 IT 鸡尾酒有很多相似之处，后者是等量的金酒和意大利味美思调成的，禁酒令时期（1920~1933 年）在伦敦非常流行。这样看来，翻云覆雨很可能是在 1910 年到 1920 年之间发明的。鉴于霍特雷不太可能在“一战”期间工作“过度”，我认为它的问世时间应该在 1910 年到 1914 年之间。

THE COLE HOLE
科尔洞

2 升波士“原创”荷式金酒（或任何其他未陈化的麦芽含量高的金酒）
1.75 升好奇都灵红味美思、250 毫升菲奈特布兰卡利口酒
500 毫升矿泉水、5 升的酒桶可以调制大约 35 杯鸡尾酒

第一步是准备一个 5 升的桶，并给它调味。用于烈酒熟化的木桶通常用雪莉酒或美国威士忌调味。您可以用任何您喜欢的酒来给木桶调味，但重要的是了解调味的目的，即为了提取浓郁的木材和香草特点的最初冲击。如果您不给酒桶调味，这些味道会很快充斥于您的鸡尾酒。在这种情况下，我建议用便宜的红葡萄酒调味。倒入一瓶（或两瓶，根据酒桶的大小）红酒，放置一周左右，每天旋转一下。1 周后，将桶清空，加入 200 毫升煮沸的冷水，拔出酒桶塞子，以防酒桶发霉。

把桶里剩下的水全部倒出来。将原料混合在一起（如果您使用更大或更小的桶，按比例计算数量），然后用漏斗倒入桶中。密封桶，为了获得最好的效果，将其储存在户外阴凉处，如棚子或车库。在桶中陈化所需时间根据桶内材料的活动情况以及您自己的口味偏好而有所不同。定期从木桶内采集样品是木桶陈化带来的一种乐趣。如果您把酒桶里的酒倒空并装进酒瓶里的时候觉得木头味太重，那就需要把一些未陈化的酒倒进成熟的酒里。

倒入130毫升鸡尾酒加冰块，滤入冰镇的马提尼杯。用少许橙皮喷出油进行装饰。

具有讽刺意味的是，大多数尝试桶装陈年鸡尾酒的酒吧都倾向于选择需要陈化基酒的鸡尾酒。无论是含有波本威士忌或黑麦威士忌的曼哈顿，还是用干邑白兰地调制的萨泽拉克，调酒师们都在选择精心制作的产品，然后把它们放回桶里（并加入其他配料）以……改良口感吗？也许这是种自我安慰，因为他们期望所使用的产品可以多一点成熟的特性，但无论本意是什么，这样做都是个错误。当然，我认识的调酒师都是混合各种风味的大师，但是，要通过在酒桶中熟化来培养酿酒艺术是一种纯粹的魔法，不容易也不可能很快学会。

更好的做法是，把酒桶陈化焦点转移到不含陈化酒精成分的鸡尾酒上。这样您就创造了一种全新的、独一无二的鸡尾酒，无须遵循任何规则手册或风味特征。

翻云覆雨是这类鸡尾酒中强有力的竞争者，因为它使用了一种未陈化的白色烈酒作为基酒，但它也含有味美思和菲奈特布兰卡的强烈香料与桉树香味。当这种酒与酒桶真正相互作用时，酒的口味肯定会受到热烈欢迎。

要调制这款鸡尾酒，当然需要买一只酒桶。我建议购买至少能装5升酒的桶，而且容量越大越好（限制因素就是您准备买多少酒来把桶装满）。一只5升的桶只需26英镑/37美元（一只20升桶的价格大约是这一价格的两倍），最好从东欧日益增多的制桶工场中购买。切记要按照我在第79页上写的买桶和填充桶的指南进行购买。

现在，虽然我确信菲奈特布兰卡和味美思能够经受住橡木的影响，但金

酒的情形并不一样。如今市场上桶装金酒的数量越来越多，但根据我的经验，保存得当的金酒不多。一旦酒桶有它自己的邪恶方式时，精致的植物风味就很难散发光彩，液体往往会呈现出一种绿色、多汁的特性，被香草和椰子肉的口味所覆盖（而不是结合）。但是，有一种金酒不仅可以在木桶中陈化，而且放入酒桶后口感更好，这就是荷兰式金酒。荷兰式金酒有陈化和未陈化两种风格，但我最喜欢的荷兰式金酒全都含有较高的麦酒含量，这意味着它们的配方中有更多的特色麦芽酒。这些款式不仅能让您品尝到酒桶的味道，还能让您体会到满满的爱意。

我将这款酒命名为科尔洞（Cole Hole），这个名字来自著名调酒师艾达·科尔曼（Ada Coleman）和伦敦萨沃伊隔壁的煤洞酒吧（Coal Hole pub），后者曾是酒店的储煤窖。桶是另一种类型的煤洞——一个木制的饮料圣殿——内衬薄薄的一层木炭，这种饮料的墨黑外观肯定会让您觉得它源于煤洞。

TOM COLLINS

汤姆柯林斯

50 毫升老汤姆金酒、25 毫升滤过的柠檬汁
10 毫升糖浆、苏打水

将金酒、柠檬汁和糖倒入加了大量冰块的高球杯。轻轻搅拌，同时慢慢加满苏打水。根据需要增加冰块。用一片橙子做装饰。

许多最著名的鸡尾酒都起源于潘趣酒，这不是什么秘密。潘趣酒的英文原名是“punch”，这个词来源于印地语，意思是“5”（panch），被认为代表了 5 种风格。这 5 种风格对所有的潘趣酒都是必不可少的：强烈、持久、酸、甜和香味。它是一种适用于多种混合鸡尾酒的公式，令人惊奇的是，潘趣酒的地位并没有被更好地确立：是处于进化的萌芽阶段的鸡尾酒。

以汤姆·柯林斯为例。这是一款在 19 世纪晚期的美国非常流行的鸡尾酒，但它实际上是基于一个古老的英国潘趣酒配方。汤姆 · 柯林斯的历史将我们带回一些最早的杜松子潘趣酒，它们出现在伦敦梅菲尔区一些颇具传奇色彩的尼古丁绅士俱乐部，如利默酒店和加里克俱乐部。

1830 年，加里克俱乐部的酒吧经理是一个叫斯蒂芬 · 普莱斯（Stephen

Price）的美国人。他是冰镇苏打水的早期倡导者。在当时，把苏打水和金酒搭配在一起，会显得很奇怪。正如大卫·旺德里奇（David Wondrich）在2011年出版的《潘趣》（*Punch*）一书中指出的，苏打水曾是一种很受欢迎的治疗宿醉的方法……被视为潘趣的解药，而不是帮凶。加里克俱乐部的潘趣酒配方于1835年发表在《伦敦季刊》上，其中包括半品脱金酒、柠檬皮、柠檬汁、糖、黑樱桃酒、$1\frac{1}{4}$品脱的水和两瓶冰镇苏打水。它在当时引起了国际轰动。

与此同时，位于康迪街的利姆斯酒店的酒吧，由一个名叫约翰·柯林斯的领班侍者管理，他看上去有些发胖，举手投足间却带有尊贵的气质。柯林斯有几款定制的潘趣鸡尾酒配方，其中最经久不衰的一款被称为利姆斯潘趣酒（Limmer 's Punch），这款酒让他的名字传遍了这个星球上的每一家鸡尾酒吧。利姆斯潘趣酒的配方和加里克俱乐部的酒差不多，但它用的不是黑樱桃酒，而是一种加入了橙花水芳香的糖浆（capillaire）。

柯林斯鸡尾酒因其浓郁的泡沫，以及甜、酸和芳香元素近乎完美的平衡而闻名。它曾经是，现在仍然是地球上最好的混合鸡尾酒之一。随着美国鸡尾酒文化从19世纪中期开始腾飞，像利姆斯潘趣酒这样的大杯鸡尾酒获得了单杯服务。对于这款酸甜可口的气泡鸡尾酒来说，除了以其创造者约翰·柯林斯命名之外，难道还能有更恰当的名字吗？

当年，调配一杯约翰·柯林斯需要选用那时在美国最受欢迎的金酒，也就是荷兰金酒。后来，名为老汤姆的具有清新、清淡风格的伦敦金酒进入美国酒吧（荷兰金酒不再流行）。于是约翰被改成了汤姆，一款新的经典鸡尾酒诞生了。

与成分相同的金菲士（Gin Fizz）不同，汤姆柯林斯是直接倒入玻璃杯中的，在端上桌之前要简单搅拌一下（就像潘趣酒）。它也可以配上大量的冰块，而正统的金菲士则应该直接上桌。菲士中没有冰就意味着，没有任何东西可以阻止您一口气吞下整杯酒。柯林斯则需要您多花点时间。随着杯子里的酒慢慢变少，随着您慢慢搅拌，冰块最终失去平衡，于是它们叮叮当当地掉落杯底，就像世界上最谨慎的报警器，提醒您应该……再点一杯酒。

LACTOM COLLINS
兰克汤姆柯林斯

25 毫升添加利伦敦干味金酒、5 毫升 /1 茶匙柠檬汁、10 毫升路萨朵力娇酒

50 毫升歌塞啤酒（也可以考虑兰比克啤酒或柏林小麦啤酒）

50 毫升苏打水

取一只冰镇过的高球杯，加入冰块、金酒、柠檬和黑樱桃酒。充分搅拌，然后加满啤酒和苏打水。再快速搅拌一下。我喜欢用一片薄的硬山羊奶酪做装饰。山羊奶酪的酸度相对较高，将其与这种饮料搭配能让奶酪散发出水果的味道，也更能让鸡尾酒散发出香料的味道。

当然，用来制作这种鸡尾酒的啤酒和金酒的品牌将决定饮料的最终味道。我列出了两种特定的金酒，但我鼓励您使用手头现有的金酒，并尝试将金酒的植物性与酸啤酒的特性融为一体。

很少有饮料能与汤姆柯林斯这款餐前饮料相媲美。它包含了开胃酒的所有元素：绵长、起泡、微酸。如果您点的食物端上来的速度比预期的要快，您就很容易把这杯酒一饮而尽。事实上，能在这一领域与汤姆柯林斯 (Tom Collins) 媲美的饮料屈指可数，但冰啤酒就是其中之一。正如那句老话所说，

“既然打不过他们，就加入他们的行列吧。”这正是我打算做的。

不过，啤酒鸡尾酒很难调制好，喝起来很可能就像闹哄哄的夜总会中那些滴酒盘里的东西。诀窍是少用啤酒，或者找一种足够有风格的啤酒（咖啡世涛、覆盆子克里克啤酒等）以适应调酒。对于这款酒，我用的是一种更接近汤姆·柯林斯口味的啤酒：酸啤。

和其他啤酒一样，酸味啤酒是用酵母酿造的，酿造过程中酵母要与从煮熟的谷物中提取的可发酵糖发生相互作用。为了让酸味偏离正常水平，需要有意添加野生酵母和/或细菌。酵母菌株酒香酵母属（又名酒香酵母）通常被用来推动这一过程，因为，这种酵母不同于普通的酿酒酵母，会产生独特的气味，令人想起柑橘类水果、葡萄酒、干草棚、麝香和黄油，从而会给啤酒带来一种有人喜欢也有人讨厌的成熟味道。酸啤酒的实际酸味来自添加的乳酸菌。像酵母一样，它能将糖发酵成酒精和二氧化碳，也会产生醋酸和乳酸，这是醋味和酸味的根源，使酸啤酒具有酸味和爽口的品质。最后得到的结果就是从瓶子里喝起来很美味，比普通的麦芽啤酒和窖藏啤酒更适合作为鸡尾酒的原料。

我的配方试图突出一些金酒中存在的明亮的柑橘类香料，并将它们与啤酒的酸度融合在一起，开启芳香和口感的活力。我还想讨论一下鸡尾酒中的果味，对于一种含有酸啤酒的饮品来说，这可能比您想象的要棘手一些。

水果的天然酸味往往来自柠檬酸和苹果酸，以及酒石酸、抗坏血酸和琥珀酸，后者的酸度较小。乳酸和醋酸（决定酸味啤酒的口感）几乎缺席，这就解释了为什么酸味啤酒尝起来很酸，但却不完全是水果味。总之，这是一款柯林斯鸡尾酒，所以我在食谱中加入了柠檬汁，这将带来一种更传统的水果味。

为了中和所有的酸度，有必要稍微加些甜的成分。这可以用普通的糖浆来实现，但我选择黑樱桃酒利口酒。甜樱桃的味道在混合了各种酸之后会变得活跃起来，最终的结果是一种辛辣的柑橘和樱桃柯林斯味，让人想起小时候吃过的酸味糖果。

CORPSE REVIVER NO. 2

僵尸复活 2 号

20 毫升普利茅斯金酒、20 毫升橙皮甜酒、20 毫升利莱白利口酒
20 毫升柠檬汁、2 滴苦艾酒

将所有的原料和大量冰块一起加入鸡尾酒调酒器。摇匀，滤入冰镇的鸡尾酒杯。您可能喜欢用一条柠檬做装饰，但这不是必需的，因为酒在一分钟内就会喝光。不是吗？

一份要求每种食材用量都相同的食谱自然有其独特之处，这不可否认。这种鸡尾酒虽然由不同的原料混合而成，但有些是蒸馏的，有些是发酵的，有些是新鲜的，它们都有某种只能来自神赐的必然性。尼格罗尼、临别一语（见第 187 页）和吉姆雷特都是等量鸡尾酒很好的例子。另一个例子是僵尸复活 2 号，因为这种鸡尾酒中最重要的成分：苦艾酒。

20 世纪初，酒吧提供自己的专利配方，把中午以前光顾的顾客从醉得不省人事的边缘救回来，这种做法通常被称为“僵尸复活”(Corpse Revivers)。然而，这些食谱很少被记录下来，也许是因为所承诺“复活”的有效性值得怀疑，或者是因为调制方法怪异，直到 1930 年，哈里 · 克莱多克才在《萨沃伊鸡尾酒书》(*The Savoy Cocktail Book*) 中列出了两种调制方法。

稍微挖掘一番，我们不难发现，至少从 19 世纪 60 年代早期开始，也就是哈里・克莱多克出生的 15 年前，醒酒药就被称为“尸体复活剂”。我能找到的最早的一个例子，是 1862 年的一篇短篇小说《我如何拒绝布朗夫妇邀请我去吃晚餐》，叙述者光临一家位于伦敦皮卡迪利大街的一家美国酒吧（不，不是您想到的那家酒吧），酒吧侍者为他上了一杯里面含有牛奶和其他某些不知名的酒精成分的“尸体复活剂”饮品。饮品被扔在两个水晶容器之间，喝完后，叙述者说：“这款酒让‘他’充满了非凡的勇气和决心。”

克莱多克在《萨沃伊鸡尾酒书》里提到了两种复活剂，其中复活者 2 号最为著名，坦白地说，也是最好的一种（复活者 1 号在第一本书中有提到，它是一种非常独特的、以白兰地为基酒的鸡尾酒）。复活者 2 号由金酒、橙皮甜酒和柠檬汁混合而成，所以如果没有加入利莱白开胃酒和前面提到的苦艾酒，实际上就是白色佳人鸡尾酒（见第 181~182 页）。但是，添加这两个简单的修饰品之后，这款鸡尾酒就变成了完全不同的其他酒类——利莱白利口酒抚平了柠檬和橘子利口酒的一些粗糙口感，而苦艾酒带来了草本气息，并给酒的颜色增添了幽灵般的白霜。

克莱多克评论说：“连续快速饮用 4 杯将使尸体无法复活。”他的观点是，过量饮酒会导致饮酒者再次进入类似死亡的状态。

如果您的鸡尾酒里 4/5 的成分都是酒精，而且其中三种都是烈酒，那您最好谨慎对待。考虑到这一点，我喜欢制作小型僵尸复活……这种精致的小东西似乎就是为了解酒而存在，就像解酒药一样，几口就可以喝掉。

ASPIRIN
TABLETS.
LANCASTER BRIDGE CLUB

FIRST AID KIT

急救包

25 毫升希蒂力歌德 108、35 毫升汤力水
20 毫升甜茴香和百里香茶、15 毫升新鲜柠檬汁

将所有材料混合在一起，装入100毫升的塑料袋中。拧上盖子，但别拧太紧，然后放入冰箱，需要时取用。在您出门时，从冰箱里拿出一袋，完全解冻后就可以享受冰镇美味了（或者，可以说这是一款美味的无酒精鸡尾酒，在任何场合都可以享用）。

如果您还记得我的第一本书《好奇的调酒师：全面掌握调制完美鸡尾酒技艺的精髓》，您可能会想起我对僵尸复活1号的创造性曲解，其中涉及在玻璃瓶中预配料然后存储在冰箱里，在急需时迅速打开（基本上，任何正常宿醉的过程中都可以用到）。我认为这是一种饮用僵尸复活鸡尾酒的有趣方法，因为没有人会想到在度过一个有趣的早晨之后调制鸡尾酒。因此，我打算在僵尸复活2号中继续这个即时复活的主题。

该策略的问题在于，它要求您有清醒着回到家中的能力，然后还需要您第二天早上到达（并打开）冰箱。这两者都是不确定的。确定的是您需要液

体疗法。

唯一的解决办法就是随身携带这种鸡尾酒。把它放进您的包里或者夹克口袋里，然后把它忘掉，直到您在您伴侣家客厅的地板上醒来，发现所有的钱都不见了，一只流浪狗在舔您的脸。

使用随身酒壶就可以了，但我对随身酒壶的体验是喝醉后很容易就把它放错了地方。退而求其次的解决方案是某种一次性的随身酒壶，但是既然不存在这种东西，那么最好的办法就是使用铝箔的果倍爽风格的袋子。目前，我对使用这种容器其实已经有一定的经验，因为我经营的副业是每月配送“威士忌迷”，将威士忌装在软塑料袋里的。塑料和铝箔封口袋非常便宜，而且结实，可以重复使用多次（所以不会对环境造成危害）。它们也特别适于冷冻，这证明适合用于我的僵尸复活。

对于鸡尾酒本身，我将尝试我所参与过的最雄心勃勃的鸡尾酒改造运动之一……让它不含酒精。

没错，这将是完全不含酒精版本的僵尸复活。让我们面对现实吧，不管当时的感觉有多美妙，在地狱般的宿醉期间，您的身体最不需要的就是更多的酒精。我对这款无酒精经典鸡尾酒的诠释就是，一种名为希蒂力的蒸馏植物“烈酒”替代了金酒，有效地将橙皮甜酒换成橘子皮油。然后，通过汤力水、新鲜百里香和茴香茶的组合，我可以创造出一种味道，与苦艾酒和味美思混合起来的味道没有什么不同。这是一种喝起来对您有益的鸡尾酒，而且真的对您有益。

SWEET FENNEL&THYME TEA

甜茴香和百里香茶

150 毫升沸水、1 袋茴香茶

1 枝鲜百里香、50 克糖、1 克 /4 撮盐

将全部原料放在一个壶里冲泡，然后过滤。冷藏一周，需要时取用。

WHITE LADY

白色佳人

50 毫升金酒、15 毫升君度、10 毫升柠檬汁
10 克蛋清

将所有材料加入鸡尾酒摇壶，加冰块摇和。双重过滤后倒入冰镇过的蝶形杯。无须装饰。

白色佳人和玛格丽特、边车和大都会属于同一个鸡尾酒家族，因为它是一种改良过的酸酒，如果加入了橙皮甜酒或橙色库拉索，则会变得更甜（稍后详细介绍）。这种酿造经典酸酒的传统要追溯到 19 世纪 40 年代的白兰地库斯塔时代，白兰地库斯塔是在新奥尔良发明的。我在《好奇的调酒师：全面掌握调制完美鸡尾酒技艺的精髓》中记录了这种酒，它简直可以称为鸡尾酒中的福特 T 型车。

新奥尔良酸酒系列有个小问题，那就是它们的味道通常不太好。大多数情况下，这是调酒师的错，他倾向于引用 20 世纪早期的这些鸡尾酒的技术规范，需要加入太多的柑橘和太多的利口酒改良剂。其效果是一种甜腻的、松弛的、完全令人不快的东西，以至于您往往要大口大口地喝下鸡尾酒，以便尽快把令人遗憾的事情彻底解决掉。另外，如果您稍微减少修改成分，让基酒凸显出来，您就可以得到一种美味、提神的鸡尾酒，是完美的餐前磨刀器。

第一个有记载的白色佳人酒谱发表在哈里·克莱多克的《萨沃伊鸡尾酒书》之中，也正是因为这个原因，这款饮料与美国萨沃伊酒吧有着长久的联系。这家美国酒吧是鸡尾酒史上最著名的酒吧，但实际上它并没有发明很多经典鸡尾酒，在翻云覆雨（见第163~164页）和僵尸复活2号（见第175~176页）之后，它的鸡尾酒创新之路就终结了，而且白色佳人也不是在那里诞生的，而是由另一位著名的调酒师哈里·麦克艾霍恩（Harry MacElhone）发明的。

麦克艾霍恩是苏格兰邓迪一家黄麻厂老板的儿子。1911年，21岁的他开始在巴黎多努街5号当调酒师。12年后，已经在纽约和伦敦的酒吧里工作了一段时间的哈里·麦克艾霍恩买下了巴黎那家酒吧，并把它改名为哈里的纽约酒吧，也就是今天人们所熟知的哈里酒吧。正是在伦敦的西罗俱乐部工作期间，他首次发明了一种叫白色佳人的鸡尾酒。

这款鸡尾酒最初由两份君度、一份薄荷甜酒和一份柠檬汁组成，尝起来像一种糟糕的润喉糖，看起来就像那种令人感到可疑的游泳池水。他没有因此丢了工作，还真是个奇迹。等到他在巴黎开哈里酒吧时，他已经明白了鸡尾酒的奥秘，改进了白色佳人的配方，去掉了薄荷甜酒，减少了君度酒，加入了健康的金酒。他还加入了一些蛋清，这样做除了让饮料产生泡沫外，还产生了一种清凉的白色不透明物，视觉效果就像是雪球打到了牙齿上。

这款新配方的白色佳人鸡尾酒，正如印刷在《萨伏伊鸡尾酒书》上的白色佳人配方一样，需要两份金酒、一份君度酒和柠檬汁。克莱多克的酒谱中漏掉了蛋清。如果您品尝这样一杯白色佳人，可能会发现它很容易给人一种走气的、甜腻的遗憾，一整杯全是君度酒！我建议把君度的量减少一点，让金酒发挥它的作用。如果您调配得当，这就是一种很棒的鸡尾酒，而且是新奥尔良酸味家族当之无愧的女王（就其本身而言）。

PURE BRILLIANT WHITE LADY

纯白佳人

白茶金酒

700 毫升金酒、30 克白茶

有几种不同的调制方法，最简单的方法就是只需在瓶子里冷浸一周。较快的方法是在 70℃下真空浸渍约一小时。使用昂贵白茶的最佳和最有效的方法，就是使用液氮。将茶叶放入双层钢碗或其他隔热容器里，将足量的液氮倒在茶叶上，盖住它们，然后用擀面杖或调酒棒将它们捣成细粉末。如果混合物变干并开始变暖，就再加一些液氮。一旦叶子完全磨成粉，就让氮蒸发掉，然后把金酒浇在茶叶上。充分搅拌后，用漏勺（锥形滤网和纸滤网）和滤纸将金酒双重过滤，除去茶叶。

纯白佳人

2 克卵磷脂、1 克盐、25 克融化的椰子油、

650 毫升白茶金酒 （见图）、200 毫升澄清的柠檬汁

100 毫升香草植物胶糖浆

使用奶泡器或小型搅拌器，将卵磷脂和盐混合到椰子油中。将金酒、柠檬汁和香草植物胶糖浆混合在一起。将卵磷脂 / 椰子混合物放入搅拌机或食品加工机，调至中速，然后慢慢倒入金酒混合物。混合物成乳状液时，它就会变得不透明。继续搅拌，直到金酒完全混合。将鸡尾酒倒入一个 1 升的瓶子，放入冰箱冷藏，需要时取用。

上酒时，将酒瓶摇匀，然后倒入冰镇过的马提尼杯中。

虽然有可能把白色佳人调得口感更佳，但我发现这种鸡尾酒有一种难以消除的刺激感。我花了好几年时间才找到引起不适的根源，现在我找到了，也就轻松了，因为我有能力改变这种感觉。您看，问题很简单：名字起错了。嗯，倒也不是名字错了，而是这种饮料和名字不太相符。别误会我的意思，白色佳人是个很棒的酒名，代表着纯洁、优雅和谨慎。但这种白色佳人酒是一款酸甜相间的烈性鸡尾酒，配上酒杯后，就像一个穿着细高跟鞋的拳击手。它是白色的，但并不淑女。

我想干脆改名吧，但这并没有多大挑战性（我喜欢 Anglaisour 这个名字）。这样就只剩下一种选择了，就是改变成分。

那么，目标很简单：为白色佳人创造一种新的配方，利用所有可能会与“白色”和“佳人”这两个词联系起来的主题，同时保持原来鸡尾酒的活力。

为了创造一种强烈的不透明的白色，我放弃了蛋清，选择了一种脂肪和水 / 酒精乳状液。准备工作有点像制作蛋黄酱，只是比例和成分不同，质地将更水，味道也会不同（所以根本不像蛋黄酱，真的）。

我用椰子油作为底料，因为它有干净的白巧克力味道和淡淡的草香味。通过大豆中的卵磷脂，融化的椰子油可以乳化到其他成分中，卵磷脂是一种两亲性脂肪，可以吸引水和油，将它们结合在一起，并防止它们分离（一种乳剂）。

加入自制的香草植物胶糖浆，可以提升椰子油的清淡和花香口感，把白茶完美纯净的味道溶入金酒，可以得到青草的气息。加入少量的澄清柠檬汁，用于增加平衡和新鲜度。

我调出的纯白佳人鸡尾酒，洁白得如同白色乳胶漆，带有清新花香，感觉如同晾晒在晾衣绳上的亚麻，尝起来像众神的母乳。纯白佳人鸡尾酒堪称世界上色泽最白、口感最纯的鸡尾酒。

为了将这一概念贯彻到底，我为这款鸡尾酒配上了黑色的背景。但不是任何黑色背景都可以！黑色 2.0 是世界上最着色、最平整、最哑光的黑色丙烯酸颜料。就像黑洞一样，它吸收了 98% 的可见光，让我的纯白佳人具有超新星爆炸般的惊艳效果。

LAST WORD

临别一语

25 毫升绿查尔特勒酒、25 毫升黑樱桃利口酒
25 毫升必富达金酒、25 毫升青柠汁、25 毫升水

将所有材料加入撞门冰的鸡尾酒调酒壶。摇晃 10 秒，然后双重过滤到冰镇过的马提尼杯里。

如今，像“禁酒时期的鸡尾酒”和“被遗忘的经典”这样的说法经常出现在调酒师口中。这两种标签都是荒谬的，因为鸡尾酒在禁酒令时期是被禁的，而且根据定义，一个真正被人遗忘的经典鸡尾酒如今仍在被人遗忘（在我们这类鸡尾酒手册中找不到相关的详细记录！）但是，如果一定要找出一种酒，为之赋予这两个标签，那它一定是临别一语。

临别一语最早见于泰德·索西耶（Ted Saucier）特意命名的著作《干杯》（*Bottoms Up*，1951）。在这本书中，有十几张女士摆姿势喝饮料的暗示性插图，索西耶认为这款鸡尾酒来自底特律运动俱乐部，并补充说，“大约 30 年前，弗兰克·福加蒂（Frank Fogarty）在这里引入了这款鸡尾酒。这条时间轴将该款酒的发明时间锁定在禁酒令的早期（1920—1933 年）。这很了不起，因为这种鸡尾酒需要的不是一瓶，也不是两瓶，而是三瓶特定的酒，而那是个连私酿酒都很难买到的年代。

事实证明，这款鸡尾酒是在禁酒令开始前 5 年发明的，因为它在运动俱乐部开业一年后，曾于 1916 年出现在该俱乐部的菜单上。这款鸡尾酒当时的标价是 35 美分，是菜单上最昂贵的饮品，这可能要归因于绿查尔特勒酒。

很显然，这是一款颇受欢迎的鸡尾酒。这让人很惊讶，因为它读起来的感觉就像报纸上喝醉的青少年的潘趣酒：两种味道强烈的利口酒，加上金酒和青柠汁。但令人惊讶的是，它是一种享受。不言而喻，正是绿查尔特勒酒起了主要作用，一波又一波传递着草本和花香的特质。黑樱桃利口酒为之赋予了另一种形式的甜味，其中带有一丝水果味和一点香料味，而金酒则在利口酒的掩盖下发出悦耳的声响。然后是青柠汁。青柠从未像现在这样在鸡尾酒中如此重要。在这里，青柠降低了利口酒的甜度，软化了酒精，提供了前所未有的清亮之感。

作为五种不相关液体的等分组合，临别一语乃天才之作。前提当然是您喜欢绿查尔特勒酒（否则就不要对它抱有希望了）。

说到调酒师可以自由发挥之处，那就是，查尔特勒酒是这款鸡尾酒中唯一可以，而且很可能应该稍微淡化一点的成分。它的主导地位几乎是绝对的，有时让人很难喝出黑樱桃酒和金酒，加上它令人印象深刻的酒精度（55%），使该款鸡尾酒从“接近谨慎”的类别直接进入“警告！”行列。向摇酒壶中加入少量的水有助于稀释鸡尾酒的浓缩成分，我推荐这样做，因为喝过几次之后，您就需要水了。

LONG WORD

长字

35 毫升查尔特勒酒、35 毫升黑樱桃酒、35 毫升曼萨尼亚雪莉酒

35 毫升澄清的青柠汁、20 毫升植物胶糖浆

190 毫升矿泉水、2 滴盐水

以上用量用于调制 2 杯

将所有材料混合在一个 SodaStream 气泡水玻璃瓶里，然后在冰箱里冷藏到接近冰点。将瓶子拧入 SodaStream 气泡水机，充入气体，直到压力释放阀开始排气。慢慢地从瓶中排出气体，如果液体起泡，就要准备重新拧紧。再次充入气体，一旦气体排出，就即刻停止。再次释放气体，过程中要小心谨慎。最后一次充入气体，拧开瓶子，盖上瓶盖。冷藏至需要时，倒入香槟杯，不需要装饰。

就像我们已经讨论过的，临别一语是可以从额外稀释中获益的鸡尾酒。事实上，凡是 50% 的成分为利口酒和 75% 为酒精的鸡尾酒，都应将稀释视为明智的选择。当一种饮料在密封的包装中包含了许多强烈的味道时，这些味道之间的关系就会变得令人担忧，结果是味蕾受到影响。刚喝几口的时候，会觉得临别一语妙不可言，但到了杯底，就如同喝啤酒了。

对我们来说幸运的是，这种难喝的滋味很短暂，所需要的只是一些水和对酸甜平衡的微调。我把临别一语中的金酒（是的，我知道这是金酒类鸡尾酒）换成了曼萨尼亚雪莉酒和少许盐水。我发现这两种成分给鸡尾酒增加了一种令人惊叹的海风 / 海洋气息，在查尔特勒酒中突出了咸味，更有令人愉悦的海草味。黑樱桃酒给人一种糖果店樱桃的味道，和青柠汁平衡。在这里，我想要的整体效果就像一杯醉人的草木柠檬水，是完美的开胃酒，您可以尽情畅饮，味蕾绝对不会疲劳麻木。

我设计了这款鸡尾酒，用 SodaStream 气泡水机打气（见第 88 页），然后放在冰箱里（或冰镇），需要时饮用。可以把它当成一瓶香槟。我在酒谱中使用了澄清的青柠汁，因为我认为青柠油会给这款鸡尾酒带来很棒的效果。如果愿意，也可以使用酸的混合物，但无论如何，必须确保液体在碳酸化前是完全透明的。如果这样碳酸化对您来说费用太高，可以用苏打水代替矿泉水，得到一杯类似的饮料，但气泡会少一些。

BRONX
布朗克斯

45 毫升哥顿金酒、10 毫升红马提尼红威末酒
10 毫升马提尼特干、25 毫升过滤橙汁

加冰块摇和所有材料，滤入冰镇过的蝶形杯。使用血橙汁，或混合西柚汁和橙汁，也许能改进这款鸡尾酒。

加一个有趣的注释：匿名戒酒会（Alcoholics Anonymous）的创始人比尔·威尔逊（Bill Wilson）曾经说过，他记忆中的第一杯酒是布朗克斯，是他在第一次世界大战期间的一个派对上喝到的。

如果让一群调酒师告诉您终极经典鸡尾酒是什么，他们会长篇大论，给出的选项是马提尼、曼哈顿、尼格罗尼和戴吉利等。如果让他们告诉您哪种经典鸡尾酒最糟糕，他们很快就会下结论：布朗克斯。

金酒和味美思是各种成分的完美结合。以您能想象到的任何比例调制都很可口。但是再加入一定量的橙汁，味道就突然变了，酒尝起来怎么都不对劲。那我为什么还要把布朗克斯也写进这本书呢？嗯，每个人都喜欢失败者，而我喜欢挑战。我想找出这款曾经流行的鸡尾酒遭人唾弃的原因。我也希望能从中找出美味的成分，正如从断壁残垣中抢救出有价值的东西。

和鲍比·伯恩斯（Bobby Burns）一样，这款鸡尾酒出自曼哈顿岛上早已被拆毁的华尔道夫饭店（Waldorf-Astoria Hotel）。大约在20世纪初，调酒师约翰尼·梭伦（Johnnie Solo）在酒店的帝国厅（主餐厅）首次调制了这款酒。这位西班牙裔美国老兵声称，他不想用纽约市的行政区为这种饮品命名，他是以新开张的布朗克斯动物园命名的。

当时正是午餐时间，一位客人要求做点“新”东西，梭伦用双层鸡尾酒（等量的干味美思和甜味美思以及橘子苦精）作为起点，把两杯哥顿金酒和一杯橙汁与双层鸡尾酒（Duplex）混合在一起。那一瞬间，星星划过正午的天空，非洲象低头表示敬意：一款新的鸡尾酒诞生了。

侍者从吧台取走这款全新的黄色饮品时，转过身问梭伦，这酒叫什么名字。梭伦想起，华尔道夫阿斯托里亚酒店的顾客有时会在喝了几杯混合饮料后说他们看到了“奇怪的动物”，这让他想起两天前曾经到过布朗克斯动物园的情景——“哦，您可以告诉客人，这是布朗克斯。”他回答说。

毫无疑问，这款鸡尾酒在当时是非常受欢迎的，尤其是在天气暖和的日子里，人们白天会想喝点东西。既然以纽约的行政区来为鸡尾酒命名是安全稳妥之道，布朗克斯也已加入了大受欢迎的曼哈顿饮品的行列，布鲁克林鸡尾酒或许也会应运而生吧。

正如我之前所说，布鲁克斯鸡尾酒最近已经不流行了。我觉得，人们对布朗克斯的蔑视不是因为酒本身的原因，而是因为误解了它的目的。这款鸡尾酒在诞生之初是马提尼和曼哈顿等烈酒的解药。布朗克斯是酸酒、纯酒加味美思开胃酒的交叉点。它融合了植物的深度、酒的前调和水果的酸度，让您保持精神抖擞。作为飘仙一号和柠檬味汽水之外的下午茶替代品，布朗克斯还是有潜力散发光芒的（在这种情况下，我建议您调一款）。

POST CARD
BRONX
New York City

GIRAFFE

长颈鹿

橙汁冰

1 升过滤鲜橙汁、2 克琼脂、600 毫升水

100 克细砂糖、橙色食用色素

要澄清橙汁，请依循第 65 页的凝胶澄清说明进行操作。在过滤凝胶后，应该留下大约 600 毫升澄清的汁液。将细砂糖和水慢慢加热，待其冷却，然后与澄清的橙汁混合。加入食用色素来增强橙色（我个人喜欢多用一些，这样鸡尾酒就有了鲜明的对比）。把果汁倒入长柱状的冰块模具中，然后放入冰箱，需要时取用。

朗科斯

25 毫升金酒、50 毫升甘嘉白味美思、3 滴香橙苦精

3~4 滴橙汁冰（见上文）、苏打水

将金酒、味美思和苦精倒在冰块上面，进行搅拌，滤入冰镇过的高球杯。加入橙汁冰，然后加满苏打水。

尽管我声称布朗克斯有“合适的时间”和“正确的地点”，但是在我认识的人中，似乎没有一个人会对这款鸡尾酒感到满意。您也许会找到一位为该酒伸张正义的伟大调酒师，但一位公认优秀的调酒师可能会调整配方，弥补橙汁的不足，让鸡尾酒更加醉人，这样调出来的酒会更接近马丁内斯（Martinez）——这很愚蠢，因为调酒师们还不如直接调制一杯马丁内斯。我想，大多数人都没有注意到的一点是，布朗克斯并不是马提尼风格鸡尾酒的替代品，而是酸味鸡尾酒或菲兹鸡尾酒的替代品。

因此，我要用高球杯来盛布朗克斯鸡尾酒。但我认为，重要的不仅这款鸡尾酒的余味长度和上桌方式，为了确保成分的基因没有任何错误，我做了一些口味测试。我把酒分成不同的成分，把每种成分和其他成分平均混合，看看哪种搭配有效，哪种无效。下面就是我的发现：

· 金酒与两种味美思混合得很好，但如果只配上橙汁，味道就不好了。
· 甜味美思能很好地与其他原料混合，尤其是金酒。
· 干味美思和任何东西都可以很好地混合，尤其是橙汁。
· 橙汁可以很好地与甜味美思及干味美思混合，但不能和金酒混合。

当我分析所有这些数据时，我意识到，最好的布朗克斯应该是少放金酒和橙汁，多放味美思。我在使用橙汁时遇到的主要问题，不是橙汁的味道，而是橙汁的酸度，这种酸度和金酒不太搭。我突然想到，用一大片橙子做装饰可能要比用真正的橙汁更适合这种饮料。

不过，彻底改变布朗克斯鸡尾酒是一种相当失败的做法，所以我开始考虑把橘子汁加入饮料的其他策略。苦精显然是下一步的选择，因为有很多橙色苦精可供选择，而将橙色苦精引入味美思和金酒中，就像在一份鱼和薯条上涂醋一样（这是有效的）。但是随着橙汁完全从鸡尾酒中去除，我需要找到方法，以一种有节制的方式把它重新引入鸡尾酒。

解决办法很明显：冰。橙汁冰很容易制作，但是质地有点糊（想想橘子冰棒的模样吧），冰冻橙汁融化时会破坏酒的外观。所以我尝试在冷冻橙汁之前先澄清它。这样效果更好，大概是因为它从果汁中去除了一些果胶和其他不溶性成分，让果汁以更均匀的方式冷冻。我把布朗克斯酒和这种冰混合在一起后，发现效果很好，但橙汁还是会带来一种不受欢迎的酸度。为了抵消这一影响，我将橙汁稍微稀释，增加糖的含量以提升新鲜的橙酯，然后添加一些色素，使冰块看起来味道浓郁。

在最后的成品中，我放弃了甜味美思，选用了甘嘉白威末酒（Gancia Bianco），这可能是您能买到的最甜的“干”味美思了。它的作用与甜味美思和干味美思混合在一起的作用是一样的。当金酒、味美思和苦精混合后，鸡尾酒几乎是水白色的，这给鸡尾酒一种纯净、新鲜感。加入橙冰后，液体成分的预冷意味着橙冰会慢慢融化，在喝的过程中逐渐增加鸡尾酒的橙味。

RON PLATA
IMPORTADO
Club
CUBA

Goslings
Since 1806

RUM
BLACK SEAL
BERMUDA
BLACK RUM

朗姆酒

R U M

BARBADOS
1981 1984 1989
International Gold
COCKSPUR
EST'D 1884
REGISTERED TRADE MARK
FINE RUM
PRODUCT OF BARBADOS
DISTILLED, BLENDED AND EXPORTED BY
COCKSPUR RUM COMPANY
BARBADOS
37.5% vol.

CORN 'N' OIL

谷物与油

50 毫升陈年巴巴多斯朗姆酒、10 毫升新鲜青柠汁
10 毫升巴贝多法勒南甜香酒、少许安高天娜苦精

用冰块摇和除苦精外的所有材料，滤入装满冰块的平底玻璃杯。在上面放少许安高天娜苦精，用青柠角装饰。

CORN 'N' OIL（谷物与油）鸡尾酒的名称似乎代表着大自然，也代表着更朴素的时代——也许是在农场上辛勤劳作的一天吧。这个名字提醒我们，英文“and”中的“a”和“d”是可以省掉的，但更重要的是，它告诉我们，一款鸡尾酒的名字确实可以由配方中并不含有的成分构成。这款鸡尾酒里没有谷物，没有谷物酿制的酒，也没有油。

“谷物与油”其实就是一种朗姆酸酒，加入了一种叫巴贝多法勒南甜香酒的酸甜五香利口酒。我能找到的关于巴贝多法勒南甜香酒的最早资料，来自一本由小查尔斯·狄更斯（Charles Dickens, Jr.）拥有并编辑的文学杂志《一年四季》(*All The Year Round*)。在 1892 年的一本杂志中，一位不愿透露姓名的作者将其描述为一种用朗姆酒和青柠汁调制而成的奇特的利口酒。1896 年

8 月 2 日,《费城询问报》刊登了一篇题为“Falernum”的文章，文中也提到了这种利口酒。这次我们看到的是一个真正的配方，它基本上符合经典的潘趣酒比例（尽管它改变了酸和甜的比例，是潘趣酒的一种补充）：

> 青柠汁 1 份，糖浆 2 份，朗姆酒 3 份，水 4 份。加入杏仁（杏仁提取物），让混合物静置一周。之后，在碎冰上加入一茶匙苦艾酒或优质苦精。

在我研究谷物与油鸡尾酒历史的过程中，读到的材料越多，就越觉得这其实是一份法勒南甜香酒的配方。矛盾的是，这个配方中含有它。这就引出了一个问题，“谷物与油”这个名字到底是从哪里来的呢？大多数调酒师都认为，这个名字中的“油”部分来自饮料上漂浮的黑朗姆酒或苦精来模拟油泄漏的做法。但是没有人知道，名字中的谷物是从哪里来的，所以它很少被提及。我得说，没人知道……

巴巴多斯，同大多数加勒比海殖民地一样，在 19 世纪变成了虔诚之地。部分原因是因为欧洲传教士的频繁来访，部分原因是因为野蛮的殖民生活明确证明了魔鬼的存在，所以肯定也有上帝，对吧？法勒南甜香酒的名字可能是通过这些传教士或其他同样博学的人而来的，因为它听起来很像传说中的费乐纳斯（Falernian）利口酒，那是耶稣时代在费乐纳斯山坡上生产的。

我告诉您这些，是因为一项教会的命名政策可能也渗透到了“谷物与油”鸡尾酒的洗礼中。仔细研读《圣经》便可发现《申命记》中的这段话：“他（原文作我）必按时降秋雨春雨在你们的地上，使你们可以收藏五谷、新酒和油。”

不管是朗姆酒还是费乐纳斯，完成上帝的三种风味所需要的就是谷物和油。所以您拥有它：“谷物和油”——相当于来自天堂的天赐的食物吗哪（manna）。

FALERNIAN WINE

费乐纳斯葡萄酒

250 毫升水、250 毫升多莉 XO 朗姆酒

125 毫升苦艾与杏仁糖浆（见图）、125 毫升澄清青柠汁

把这些材料混合在一起，在冰箱里保存一个月。饮用前，在古典杯或葡萄酒杯里放一块冰块，然后在杯子内部喷上青柠皮油，丢弃果皮。将 100 毫升冷冻费乐纳斯葡萄酒倒入杯中即可饮用。

费乐纳斯葡萄酒在罗马时期就已倍受推崇，主要是因为它的传奇力量，但它在几个世纪前已经停产了。历史文献表明，这种酒是晚收类型，也就是说，它有更高浓度的糖和更佳的发酵效果。罗马著名作家和哲学家老普林尼（公元 23~79 年）曾暗示过这一点。他指出："这是唯一一种在火焰照射时会发光的酒。"我不知道您会怎么想，但我已经记不起上次看到一杯着火的酒是什么时候了。

我的费乐纳斯葡萄酒配方实际上更接近法勒南甜香酒的配方，正如它在 19 世纪的出名程度那样，但它旨在以这样一种方式平衡甜度、酸度和酒精度，使其（再加上一点创意）类似于罗马时代的费乐纳斯葡萄酒。

1890 年，巴巴多斯布里奇顿的约翰·D. 泰勒创造了第一个法勒南甜香酒商业品牌，并以“巴贝多法勒南甜香酒”（它至今仍由巴巴多斯的 Foursquare 酿酒厂生产）的品牌进行销售。泰勒有效地装瓶了一种潘趣酒，除了精明的商业进取之外，为了保质期和产品的稳定性，自然要简化酿酒过程中的成分。这种酒曾经是青柠汁、朗姆酒、糖和杏仁的混合液，很快就变成了丁香、甜椒和青柠皮风味的糖浆。它缺乏传统法勒南潘趣酒的新鲜感，但它在一致性方面弥补了这一不足。

我猜想，巴巴多斯的人们仍然怀念老式的法勒南潘趣酒，于是他们按传统的比例混合了一种酒，但他们没有使用糖和杏仁提取物，而是用了新上市的预先装瓶的法勒南利口酒。因为它含有巴贝多法勒南甜香酒，所以这款新的饮品很难与传统的法勒南等同。于是，谷物与油就诞生了。

我使用了一种由高酯牙买加朗姆酒制成的苦艾和杏仁糖浆来制作我的费乐纳斯葡萄酒。调制鸡尾酒时，将糖浆与陈年巴巴多斯朗姆酒、澄清青柠汁和水相混合。这款鸡尾酒适于放入冰箱冰镇，然后倒上一大块冰饮用。

第一次倒酒时，鸡尾酒的酒精度大约是 18.5%，这使它符合今天一些最烈的加强型葡萄酒的要求。

苦艾杏仁糖浆

15 克生杏仁、100 毫升超标朗姆酒（或其他超标白朗姆酒）

2 克 / 干苦艾草，可做 200 毫升

将杏仁放入沸水中汆水 1 分钟，然后与朗姆酒和苦艾混合，放入密封的玻璃瓶中保存一周。用平纹细布 / 粗棉布过滤，然后与糖混合备用。

ROYAL

GUNFIRE

炮火

150 毫升热红茶、15 克 / 盎司德梅拉拉蔗糖

40 毫升帕萨姿朗姆酒

将茶和糖加到一只大柄玻璃杯里，搅拌，使糖溶化。最后加入朗姆酒，再搅拌一下，就可以上桌了。

在军队饮酒有着悠久而丰富的历史，其中的原因不难理解。士兵要长期背井离乡、吃劣质的食物、生活在对死亡的无尽恐惧中，还要忍受潜意识里不断加深的意念：就在不太久远的将来，您可能要接受命令杀掉某人。一杯好酒可以作为应对上述问题以及其他问题的灵丹妙药。

300 多年来，英国皇家海军一直实行朗姆酒配给制度，直到 1970 年才结束。虽然含酒精饮料可能不像以前那样被广泛提供，但仍有一小部分混合饮品源自人类发动战争的倾向。

几乎所有这些饮料都有两个共同点：它们都是用手边现成的原料制成的（在军队里并没有太多的选择），它们的英文名字里都有字母“g”金汤力（Gin & Tonic）（是的，严格来说这是一种鸡尾酒）、吉姆雷特（Gimlet）（比您想的要更烈)、粉色金酒(Pink Gin)(一种更烈的酒)、格劳戈(Grog)(喝后容易出现戏剧性的变化)和炮火(Gunfire)。

炮火或许是军中鸡尾酒的最好例子，原料是朗姆酒、糖和茶，这些都可以从军中杂乱的帐篷或杂物储藏室里翻拣出来。

这款鸡尾酒按传统是在圣诞节时加热供应的。如果您是一位水手，不幸在远航或节日期间驻扎在一个军事基地，那么，不论您是处于炎热的夏日还是寒冷的冬日，您都肯定会喝到炮火鸡尾酒，因为传统如此(我不讨论现代军队的饮酒习惯)。

其实就是这么简单：一大口海军朗姆酒，再加上温暖的甜茶。

很难指出调这种酒的最佳时刻，但这不是真正的重点。这里的有趣之处在于，当一个人面临着想喝点酒但又不想被纯酒呛到的矛盾时，就会出现这种强迫而来的创新。混合饮料就是解决方案，鸡尾酒以一种更文明、更有节制的方式促进了烈酒的消费。酒的创作环境也鼓励我们思考消费鸡尾酒的环境。显然，这种酒不适合在温暖的夏日午后饮用，但是如果我在寒冷的冬夜发现自己在海上，我不确定我还能想出什么更合适的混合饮品来啜饮。

从鸡尾酒代代相传的视角来看，您只需要在炮火中挤一点柠檬，您就拥有了基本朗姆酒和茶基潘趣酒的所有成分。没有柠檬，茶中的单宁会更明显，我发现最好的解决办法就是在茶中加入更多的糖，直到鸡尾酒变得可口。

FERMEN-TEA PUNCH

福尔曼茶叶潘趣酒

35 毫升哲尔曼朗姆酒、60 毫升阿萨姆康普茶（见对面）

10 毫升糖浆（1∶1 的比例）

50 毫升苏打水

将所有材料加入冰镇过的高球杯，加冰块搅拌。

注意：由于康普茶酿造的不可预测性，您可能需要调整糖浆的量，以平衡鸡尾酒的酸度。

朗姆酒和茶不太可能在短时间内完美搭配，除非它们是放在潘趣酒碗里，配上柑橘、香料和糖。茶的青草味和单宁味是世界上最棒的味道之一——它与金酒完美搭配，绿茶与伏特加和麦芽威士忌非常相配。但它确实不适合和朗姆酒搭配，至少在传统形式中搭配不好。但是，如果有一种不同的泡茶方式，可以引入柠檬元素、甜味和一些额外的成分，那会怎么样呢？这种原料能和朗姆酒搭配吗？

康普茶是一种发酵产品，是通过细菌和酵母的共生菌落（SCOBY）对甜茶的作用而制成的。有时康普茶会添加额外的水果或香草；有时只是茶、糖

以及细菌和酵母的共生菌落。实际上，很多人误认为康普茶是由蘑菇制成，原因就在于细菌和酵母共生体，因为漂浮在发酵物的细菌和酵母的共生菌落看上去有点像蘑菇伞。从外观上看，您会认为酵母是一种真菌。但事实并非如此，茶才是康普茶的主要原料，我们将用茶来创造一种口感优良的新版炮火鸡尾酒。

康普茶可以用任何一种茶来制作，炮火鸡尾酒可以用任何一种朗姆酒来制作。这意味着有很多朗姆酒和茶的潜在组合，其中一些自然会比其他更好。为了弄清这一点，我用阿萨姆茶、乌龙茶和煎茶做了三批次康普茶，并把它们与陈化和未陈化的朗姆酒一起品尝，这些朗姆酒的制作方法各不相同，从比较重的罐式蒸馏器到轻便的柱式蒸馏器，还有农业（agricole）的变体。

当然，某些茶与某些类型的朗姆酒更相配：绿茶（生茶）康普茶的青草味与一种不知名的朗姆酒那植物味与柔和的热带风味相得益彰。乌龙康普茶的坚果味与哈瓦那俱乐部（Havana Club）和百加得（Bacardi）等清淡的古巴风格朗姆酒非常相配。但经过多次试验，我选用了阿萨姆康普茶和陈年混合朗姆酒的组合。使用红茶时，康普茶提供了水果酯，让人联想到一种不错的罐式蒸馏朗姆酒，而茶的单宁模拟桶老化的效果。两者结合得天衣无缝，调制出了我能想象到的最好的一种嗨棒朗姆酒。

阿萨姆康普茶

18 克阿萨姆茶、200 毫升冷水、1.7 升沸水、150 克糖

1 枚中型康普茶细菌和酵母的共生菌落（SCOBY）（见第 57 页）

可制 2 升

在一个大罐子里混合茶，冷水，沸水和糖（按这个顺序）。让液体冷却几个小时到 25℃。将液体滤入 2 升灭过菌的康普茶或梅森罐中。将 SCOBY 添加到混合物中，盖上盖子，但不要密封。发酵 10 ~14 天。将液体滤入干净的瓶子中，冷藏至少一周。康普茶在低温下几乎可以永远保质。

RUM SWIZZLE

朗姆碎冰鸡尾酒

40 毫升史密斯克罗斯朗姆酒、50 毫升菠萝汁、15 毫升青柠汁

10 毫升糖浆（见第 35 页）、2 滴安高天娜苦精

将所有的材料加到古典杯或高球杯中，并加入大量碎冰。搅拌 10 秒钟，然后用新鲜薄荷和一片青柠装饰。

碎冰鸡尾酒是一款酸料，与潘趣酒有关，但用碎冰调制，通常用调酒棒混合。真正的调酒棒是从常青树上砍下来的，这种树的拉丁名称是瑞士棒子树（Quararibea turbinata），俗称“调酒棒树”。树的侧枝分杈成五六簇，与次级分枝呈 90°，一旦修剪成一定大小，它们就成了一种比例完美、纯天然的搅拌工具——感谢大自然！

碎冰鸡尾酒起源于加勒比海和中美洲的食品制备，可能源于用搅拌棒搅拌面糊和面团的做法，或者来自传统的用于制作热巧克力的墨西哥搅拌棒莫利尼罗。目前尚未清楚“swizzle”（碎冰鸡尾酒）一词的出处，也不清楚先命名的是这种树还是这款鸡尾酒。1894 年，《南方杂志》（*The Southern Magazine*）的一位记者这样评价这款鸡尾酒：“它的名字很可能来源于‘鸡尾酒调酒棒'，或者'鸡尾酒调酒棒'的名字来源于'碎冰鸡尾酒'，在这一点上，尚没有权威的说法。"

最早的文献资料表明，到 19 世纪 40 年代，"碎冰鸡尾酒"在西印度群岛已很常见，这实际上使碎冰鸡尾酒成为继潘趣类酒和茱莉普类酒（juleps）之后最古老的混合饮料家族之一。我听说碎冰鸡尾酒的前身是生姜醋味糖蜜饮料（switchel），一种由醋、水和香料组成的无酒精饮料，在北美殖民时期很受欢迎。但我不认同这种说法。

1909 年，爱德华·伦道夫·爱默生出版了《饮料的过去与现在：饮料生产的历史概观》（*Beverages, Past and Present: An Historical Sketch of Their Production*）一书，书中告诉我们，"碎冰鸡尾酒是由六份水加一份朗姆酒和一种芳香调味品组成的"。书中最后一部分留下了相当开放的配方，因为芳香的调味料可以构成任何有香味的原料，这就给了调酒师足够的创意空间，他们可以用自认为合适的任何水果或香草，但菠萝汁和柑橘的组合在当代调酒方式中似乎得到了最为普遍的认同。

在调制百慕大朗姆碎冰鸡尾酒（Bermudan Rum Swizzle）时尤其如此。比起其他地域，百慕大似乎更适合这款鸡尾酒。然而，尽管百慕大富有热带韵味，让我们一下就想到短裤和百慕大三角，但这个温带大西洋岛屿既没有鸡尾酒棒树，也没有菠萝。事实上，百慕大更像是一片英格兰的乡村（离最近的面积合理的土地恰好 1000 公里），不是热带天堂。

用酒吧吧勺可以很容易地调制碎冰鸡尾酒，但如果您能得到一支真正的调酒棒，您绝对不会后悔，因为它的自然形状会在液体和冰之间制造出无与伦比的混乱。诀窍是把棒子的尖头浸入冰镇鸡尾酒中，然后将棍子握在手掌之间。这样一来，当您搓手时，摇杆就会快速来回旋转，产生大量泡沫（主要归功于菠萝汁），并迅速冷却。

SWIZZLE TWIST

碎冰鸡尾酒拧花

50 毫升菠萝朗姆酒、20 毫升葡萄柚汁

10 毫升青柠汁、10 毫升糖浆

把所有的材料混合在一个古典杯里，加碎冰。配上焦糖朗姆酒泡过的菠萝和菠萝叶。

菠萝朗姆酒

500 克菠萝切成 1 厘米的块（大约需要 3 个菠萝）

700 毫升牙买加特级蒸馏朗姆酒（汉普登或沃西帕克）

100 克糖、250 克菠萝皮酒

把菠萝肉在朗姆酒里浸渍至少两周。这个过程可以通过加热浸渍液来加速（使用自封袋，水浴温度设为 50℃），但就个人来说，我不喜欢它传递给酒的微微煮熟的味道。

泡好后，滤掉汤汁，保留菠萝块。用糖增加酒的甜度，与菠萝皮酒按 3∶1 的比例混合（可根据自己口味调整）。

将加入朗姆酒的菠萝块放入煎锅中，加入几茶匙糖，焦糖化 5 分钟。

菠萝皮酒

3 个大菠萝 /700 毫升未陈化的朗姆酒

把菠萝的叶子修剪一下，留作装饰用。小心地把菠萝的外壳切掉，尽可能多保留果肉。

将树皮切成小片，与朗姆酒混合。在您选择的蒸馏设备中蒸馏混合物（见第 70~71 页）。在这个过程中，我使用了旋转蒸发器，由于它的操作温度较低，会产生一种芳香的青草味的酒精，可蒸馏出 500 毫升左右的高度菠萝皮烈酒。

当您调和朗姆碎冰鸡尾酒（Rum Swizzle）时，比其他任何配料更重要的是菠萝汁，它决定了成品的品质。如果您用的是盒装浓缩果汁，不管您用的是哪种朗姆酒，也不管它的平衡程度如何，酒的味道都很糟糕。高质量的鲜榨菠萝汁是最好的，但并不总能轻易得到。只有自己榨汁才能保证调制成功，但过程有点混乱，而且需要您家里有一台榨汁机。唯一可用的其他选择是将未陈化的朗姆酒和切碎的菠萝皮一起重新蒸馏，然后将菠萝果肉浸渍在得到的酒中，这样就可以制作出您自己的菠萝味朗姆酒，从而轻松地调制鸡尾酒了。

可持续性是当今酒吧界的热门话题。仅仅调制出美味的鸡尾酒已经不够了。现代酒吧必须密切关注它们的方法和流程，以确保他们提供的是能够持续吸引顾客的饮品，它们要不断挑战自身，减少对环境的负面影响。每个人都可以采取的一些简单做法是，拒绝使用塑料吸管，转而使用纸质吸管、意面式吸管或蔬菜吸管。另一个策略是我在 Trash Tiki 的好朋友首创的，其要旨在于使用我们通常会扔掉的食材，以减少垃圾填埋。从用过的柠檬皮到鳄梨核，一切都能物尽其用，不仅可以利用，还能用来制作味道不错的饮料。

提基或许是倡导可持续发展的最佳鸡尾酒类别。这些饮品通常味道浓烈，需要很多配料。在迈泰酒（Mai Tai）中滴几滴香蕉皮苦精不可能带来像在马提尼酒中那样高的回头率。

我的菠萝朗姆酒是根据蔗园菠萝朗姆酒（Plantation Pineapple Rum）调制的，蔗园菠萝朗姆酒是查尔斯·狄更斯的《匹克威克外传》中史得金斯先生的最爱。根据酒类历史学家大卫·旺德里奇的说法，狄更斯的酒窖里储存了大量上等的陈年菠萝朗姆酒。我一直认为这里的菠萝指的一种高酯风格的牙买加朗姆酒（它带有菠萝的味道）。既然它的味道和朗姆酒很配，我该和谁争论呢？

我完成的碎冰鸡尾酒需要用青柠汁和西柚汁作为酸味成分。我发现柚子汁实际上提升了朗姆酒中的热带风味，而青柠汁则倾向于让饮品充满青柠味！这两种果汁的搭配让酒的酸度恰到好处，还带有一种“完全的热带风味”。

EYSIDE
TCH WHISKY
700ml / 70cl

Distillers Edition
CAOL ILA
ISLAY SINGLE MALT SCOTCH WHISKY
C-si: 2-476
Caol Ila Distillery, Port Askaig, Isle of Islay.

Michter's
Barrel No

MICHTER'S
SINGLE BARREL
EST. 1753
US ★ 1
STRAIGHT RYE
KENTUCKY
WHISKEY

TEN Y
EXCLUSIVELY M
SHERRY OAK
THE MACALLA
PRODUCE

威士忌

WHISKY

BLUE BLAZER

蓝色火焰

120 毫升帝王（Dewar）12 年混合型苏格兰威士忌

120 毫升沸水、10 克糖、可做 2 杯

虽然这款鸡尾酒可以用钢壶（在咖啡馆中用来蒸牛奶的壶）来调配，但您会发现使用带有漂亮长柄的大酒杯更容易、更安全。

用热水预热两个大杯，然后将威士忌放入一个杯中，把沸水和糖放入另一个杯中。点燃威士忌（如果威士忌是冷的，可能需要多试几次），然后在大酒杯中旋转，让火焰更旺。将燃烧的威士忌倒入有水的大酒杯中，然后再倒回去，重复这个过程。在液体变热时，火焰会变得更加凶猛。反复练习之后，倒酒时可以加大两只杯子之间的距离，从而产生一种长长的蓝色火焰瀑布。您可以随时用另一只杯子的底部盖住燃烧着的杯子，扑灭火焰。把酒倒入有把手的玻璃杯中，饮用前配上柠檬皮。

在 19 世纪，调制这种鸡尾酒的调酒师可以说是所有美味和花哨事物的大师。但是那时的“花哨”并不是指干冰和用粉色剪刀切成的橘皮条。最初的调酒师懂得更多戏剧性的把戏，或许正是由于这些与酒精相关的娱乐技艺，调酒艺术才获得了名望。

杰瑞麦亚·P. 托马斯（Jeremiah ‘Jerry’ P. Thomas）是无可争议的“美国调酒之父”。19 世纪 50 年代，作为一名旅行调酒师，他在圣路易斯、芝加哥、查尔斯顿、新奥尔良和纽约的数十家酒吧工作或表演。他的《调酒师指南》（*Bar-Tender’s Guide*）出版于 1862 年，又名《如何调制饮品》（*How to Mix Drinks*）抑或《享乐主义者的伴侣》（*The Bon-Vivant’s Companion*），是第一本由美国作家写的鸡尾酒书。在这本书中，调酒师们第一次成功地将 19 世纪早期诞生的大量混合鸡尾酒进行了归类。托马斯的大部分分类体系沿用至今，许多经典鸡尾酒的发明也都归功于他。

托马斯最著名的作品也许就是蓝色火焰（Blue Blazer），这是他在旧金山的埃尔多拉多赌场（El Dorado gambling saloon）工作时发明的。他使用一套很大的纯银杯子，把燃烧着的苏格兰威士忌在酒杯之间来回“投掷”，让观众目眩神迷。在《调酒师指南》中，托马斯指出，任何看到这种展示的顾客都会很自然地得出结论：这已经不是酒神巴克斯的酒，而是冥王（阴间之神）的神酒。

2009 年，我在伦敦开了第一间酒吧，当时我们的菜单上就有蓝色火焰。这家酒吧类似于地下酒吧，调酒师打着领结，客人在烛光下阅读菜单，蓝色火焰非常适合这种氛围。但酒吧太小，就像个兔子窟，这意味着每次只有大约 20 名客人能清楚地看到鸡尾酒的制备过程。就蓝色火焰而言，这是有问题的，因为这种鸡尾酒的趣味主要来自惊心动魄的准备过程。所以我们开始在桌子上倒蓝色火焰。在险象环生、酒香四溢的环境中，最持怀疑态度的客人也会兴奋起来，我自己则体味到了 150 年前的这种表演该是多么令人震撼！

NAVAL BLAZER
海军火焰

110 毫升史密斯克罗斯朗姆酒（或另一种陈年壶蒸馏朗姆酒）
10 毫升阿德贝哥 10 年苏格兰威士忌、50 毫升曼萨尼亚雪莉酒
50 毫升沸水、10 毫升意大利香醋、20 克德梅拉拉蔗糖
可调 2 份

遵循与蓝色火焰相同的说明（见第 223 页），确保容器已预热。在一个容器中混合雪莉酒，水，醋和糖，在另一个容器中混合朗姆酒和威士忌。点燃装有朗姆酒的容器，然后小心翼翼地将液体在两个容器中倒入倒出，倒的长度越长越好。

将燃烧的液体倒入防热的马克杯或玻璃杯中，用扦子快速烤一些甘草。把甘草倒在酒里，熄灭火焰。把杯子里的东西摇一摇，冷却几分钟后再喝。

火焰鸡尾酒不仅仅具有娱乐效果，“投掷”的动作也会给酒充气，而燃烧会在汽化的酒精中引发数千次微小的气味爆炸。饮品的味道被不可逆转地改变了。很难描述这些变化对味蕾的影响，但可以肯定的是，这是一种优质火焰酒内在的辛辣和糖的焦糖化带来的平衡的苦味。它对您的幸福感的影响很容易表达出来，因为这款混合饮品介于热香槟和威士忌之间，令人兴奋，即使是情绪最低落的客人，喝下去后也能充满活力，精神振奋。

简单的食材掩盖了多种感官的复杂性体验。苏格兰威士忌、糖和水的基本比例也让火焰鸡尾酒有了一系列改良策略。我的海军火焰配方旨在利用经典版本的香料和绵长度，并使用一些精选的配料来提味，让饮料更贴近海洋（因此而得名）。正因如此，我还采取了一个大胆的举措：把苏格兰威士忌换成朗姆酒。

在杰瑞麦亚·托马斯的时代，高质量的糖蜜朗姆酒是很难买到的，但是我想，如果他有这种酒的话，可能会选择用它来代替威士忌，冒着陷入陈词滥调（朗姆酒和海盗）的风险，把一种燃烧着的液体在金属大酒杯之间来回翻倒。比起威士忌和风笛手的关系，这似乎更像朗姆酒和水手的关系。我还认为，一款精心调制的火焰鸡尾酒那苦中带甜的起泡感，更符合一款富有热带香味的罐式蒸馏朗姆酒的风味特点，而不是苏格兰威士忌微妙的蜂蜜和柔软的果味。也就是说，我用了少量泥炭单一麦芽“调味料”，来给酒增加一种温和的“烟熏”味。

现在我们已经完全陷入海盗或航海的主题，我将添加两个进一步延续这个主题的修饰符。第一种是曼萨尼亚雪莉酒（manzanilla sherry），它能让人想起海洋的美妙盐度。第二种是香醋，它同深色的辛辣水果搭配，会产生柔和的、发酵的、“放克”风格的味道。

作为装饰，我把饮料倒入一个耐热马克杯里，在火焰上短暂地烤一下甘草，然后把它们倒进鸡尾酒里。甘草的主要风味是茴香籽，但由于它丰富的糖浆状成分，让我想起了许多朗姆酒的基料——糖蜜。

HOT SAUCE
6 FL. OZ. (177 mL)

VIEUX CARRÉ

老广场

25 毫升 VSOP 干邑白兰地、25 毫升瑞顿房黑麦威士忌

25 毫升马提尼威末酒、5 毫升 /1 茶匙法国廊酒

1 滴贝桥贝乔苦精、1 滴安高天娜苦精

将这些材料加入搅拌杯中，加冰块搅拌 1 分钟。滤入装满冰块的古典杯。用一圈柠檬皮做装饰。

注意：最初的配方建议选择一片菠萝和一颗樱桃来装饰。旋转酒吧（Carousel Bar）忠于这一点，但我并不喜欢。

沿着新奥尔良著名的波旁街漫步，会发现到处都是卡拉 OK 厅和钢管舞俱乐部，巨型的啤酒招牌在人行道两旁大放华彩。空气中弥漫着湿乎乎、脏兮兮的发酵气味，人们丢弃的塑料酒精饮料杯在您脚下嘎吱作响。如今，很难想象这里的法语区曾汇聚了世界上最好的酒吧和最具创新精神的调酒师，曾经负责创作出比其他所有地区都多的经典的鸡尾酒。

法语区也被当地人称为老广场（Vieux Carré），还保留了一些很棒的老酒吧，包括美国最古老的酒吧。顺便说一下，它们并无奇特之处。与名字相反，法语区最古老的建筑实际上是在西班牙占领时期（1762—1802 年）建造的，1788 年和 1794 年的大火摧毁了“第一代”法国克里奥尔人的财产。

我们今天看到的大部分建筑都是在 19 世纪初美国占领这块领土后建造的。在那时，密西西比河的汽船作为重要的交通工具，打造了与北方各州的良好贸易路线，而墨西哥湾为跨大西洋贸易提供了门户，使新奥尔良成为南方最大的港口。这座城市的人口在整个 19 世纪以惊人的速度增长，短短 50 年就从 17000 人增长到 170000 人。随之而来的是非凡的财富，由此产生了对豪华酒店和颓废酒吧的需求。

其中一家酒店就是商务酒店（the Commercial），它是由安东尼奥 · 蒙特莱昂（Antonio Monteleone）于 1886 年在皇家街和沙特尔街的拐角处建造的。从那以后，这家法语区的酒店一直属于蒙特莱昂家族，之后大部分被拆除和重建，经历了各种各样的扩建，才恢复到现在的状态。也许这家酒店最具特色的是旋转酒吧，它最初建于 1949 年，属圆形岛屿风格，可容纳 25 名客人，以每圈 15 分钟的速度旋转一次，这速度足够慢，不会让您头晕；但又足够快，可以让您迷失方向（特别是在喝了几杯鸡尾酒之后）。

说到鸡尾酒，它是早期旋转酒吧的非旋转翻版，老广场就是在这里首次调制的。在 20 世纪 30 年代，沃尔特 · 伯杰龙（Walter Bergeron）是这家酒吧的首席调酒师，这款酒问世后，1937 年出版的《新奥尔良著名鸡尾酒及调制方法》(*Famous New Orleans Drinks and how to mix em*）中就提到了这款鸡尾酒。在结构上，这款酒介于曼哈顿和萨泽拉克（Sazerac）之间。虽然这里也有一些挑衅性的食材搭配，但黑麦威士忌确实与干邑白兰地交战，两种不同的苦精也有一场对决。在很多方面，它既是一杯曼哈顿，又是一杯萨泽拉克，苦艾酒被法国廊酒（Benedictine）取代了。然而，我们最后提到的这一成分是这款酒成功的关键因素，因为它带来了甜味，并调和了充满花香、果香的法国白兰地和黑麦香料。

APERITIF LOUISIANE

路易斯安那开胃酒

500 毫升 VSOP 干邑白兰地

200 毫升雷司令半甜型葡萄酒

苦味

2 克龙胆根（Gentian Root）、1 克苦艾

水果味

25 克脱水草莓、50 克樱桃干

芳香味

5 克甜椒浆果、1 整颗八角茴香、5 只整瓣丁香、1 个香草豆荚

泥土味

15 克茴香籽、10 克百里香叶子、10 克蒲公英根

3 克磨碎肉豆蔻、5 克可可粗粉（Cacao Nibs）

5 克磨碎的罗望子（Tamarind）、5 克整粒黑胡椒

甜味

75 毫升枫糖浆

可以调制 700 毫升 / 瓶的量

取一个梅森瓶，加入除了葡萄酒和枫糖浆以外的所有原料。盖紧盖子，让原料浸渍大约 6 周，偶尔摇晃一下。完全浸透之后，用平纹细布或粗棉布过滤，然后加入葡萄酒，用枫糖浆增加甜味，重新装瓶。

冷藏后直接倒在冰块上即可饮用。如果您愿意，您可以在鸡尾酒中加入苏打水、汤力水、姜汁啤酒或柠檬水，增加其饮用的时间。

调配饮品的乐趣主要在于选择配料和平衡口味。但是，调制老广场这样的鸡尾酒时，会有很多红色和棕色的成分，往往让我希望直接从一个瓶子中倒出更简单的鸡尾酒。我说的是预先混合好的鸡尾酒，比如金巴利（Campari）、阿佩罗（Aperol）和飘仙（Pimm 's）等酒，这些酒已经做到了平衡糖分、苦味和芳香的味道，您无须付出很大的努力。

虽然从表面上看，老广场似乎是一款很烈的鸡尾酒，需要很多酒的成分，但是用冰块稀释后，它实际上更像一款中等烈度、苦中带甜的开胃酒。就像我已经提到的那些品牌一样，它应该与餐前的草药提神剂起同样的刺激作用。

6 GOLD MEDALS
Aperitif Louisiane
préparé par
STEPHENSON & SON
(LEGÉNDAIRE)
NOLA
DÉPOSE
USA

干邑的果味和橡木味、黑麦的香味、意大利味美思和法国廊酒的草药味与甜味，还有两种苦精的黑暗与芳香气味。老广场是调酒术的一个奇迹，它与“越简单越好”的格言背道而驰。但是，考虑到六种原料中有五种都是用烈酒做的，而真正区别于它们的是其调味的方式，绝妙的捷径始终是受欢迎的。

因此，这预示着一个问题：您能否将老广场的所有风味都注入烈酒和葡萄酒的混合物中，创造出一种能体现新奥尔良所有经典鸡尾酒口味的开胃酒？

我认为是可以的。只要细心。可以分两步来做，首先把草药、水果和香料简单地浸在葡萄酒和白兰地里，最后再加一点甜味。

我的食材有五种不同的口味：苦味、水果味、芳香味、泥土味和甜味。我将它们列出，以便帮助您确定这些成分是怎样结合起来的。如果有需要，这样也有助于调整或更换食材。

干邑白兰地作为基酒（带有水果味、香水味和橡木味），葡萄酒延长了开胃酒的味道（同时散发着柠檬味、水果味和花香味），加上苦涩的草本植物和树根，以及深沉的泥土香料，这款鸡尾酒的口味得到了加强，在某种程度上模拟了（遗失的）黑麦威士忌和苦精的效果。芳香的成分中，含有可能会在苦精和味美思中找到的相同香气，而水果成分将这些丰富的香料和淡淡的水果味结合在一起。我选择用枫糖浆增加甜味，这让人联想到美国威士忌以及它通常会带来的所有焦糖和太妃糖的味道。至于葡萄酒的成分，我用的是半甜的德国雷司令葡萄酒（German Riesling wine）。记住，即使甜味美思，也是用白葡萄酒做底的，这种低酸度的风格和干邑白兰地很相配。

这款鸡尾酒的发展与市场上的瓶装鸡尾酒产品的发展没什么不同。每一种成分都要单独注入，然后以不同的比例混合在一起，直至达到平衡，然后调整重量和比例来适应。以上是我制作路易斯安那开胃酒的配方，也可作为制作瓶装开胃酒风格鸡尾酒的基本指南。

RUSTY NAIL

锈钉

40 毫升帝王 12 年苏格兰威士忌

20 毫升杜林标酒

取一大块冰块，放入古典杯，然后将威士忌和杜林标酒倒入杯中，搅拌一分钟就可以了。

如果您不能让锈钉（Rusty Nail）的味道好，那可能需要放弃调这种酒了。毕竟，一款只包含两种成分的简单饮品足以适合每个人的口感，一种成分是苏格兰威士忌；另一种成分是加了糖并添加了草本风味的苏格兰威士忌。您喜欢更甜的味道吗？那就多放一些杜林标，喜欢干一些就少放杜林标。只有那些生来就完全无法理解自己为什么喜欢或不喜欢一种口味的人，或者无法适当地改变事物的人，才有可能搞砸这款酒。

那么杜林标是一款什么酒呢？从最基本的意义上说，它是一种威士忌利口酒，加入了石楠蜂蜜、一堆其他草药和异国香料。杜林标这个名字由苏格兰盖尔语的一个短语“dram buidheach”引申而来，意思是“完美的饮料”。在一个寒冷的苏格兰夜晚，在篝火的光亮下，它就是完美的饮料。

关于这款鸡尾酒，公认的历史是用各种幻想成分调味的苏格兰烈酒的故事。故事开始于邦尼王子查理（查尔斯·爱德华·斯图尔特），又名小王位觊觎者。1745 年，詹姆斯二世党人起义失败，查理被流放到斯凯岛，而不是坐在英格兰、苏格兰、爱尔兰和法国的王位上。由于几乎无事可做，查理开始熟悉调情和饮酒的高贵艺术，法国白兰地是他喜欢喝的烈酒。这种情形在当时的贵族中很常见，邦尼王子查理有他自己的利口酒治疗配方，可以由私人医生或药剂师为他配制。据说，1746 年，查尔斯与他的朋友约翰·麦金农（John MacKinnon）上尉分享了他的滋补品配方，尽管在这几年里，杜林标对该说法的证词至少改变了两次。19 世纪早期的广告说，是查理王子的一个追随者把这种烈酒带到了苏格兰，后来又说是查理王子贴身卫士中的一位绅士这样做的。

事实上，没有人真正知道约翰·麦金农是如何得到这个配方的，但大多数人都认为，最初它可能是以白兰地为基酒。这款酒的配方被麦金农家族秘密保存了大约 150 年，然后传给了罗斯家族，罗斯家族在斯凯岛上经营着布罗德福德酒店（Broadford Hotel）。1893 年，罗斯一家为杜林标注册了商标。后来，酿酒地转移到了爱丁堡，酒店被马尔科姆·麦金农（Malcolm MacKinnon）（与故事中的其他麦金农家族没有关系）买下，从此酒店一直留在他的家族手中。

如今，杜林标是一种有争议的利口酒。我的有些朋友和同事喜欢它，也有些讨厌它，但很少有人持观望态度。据我所知，一般的经验法则是，如果您不反对非常甜的东西，您就可以接受它。这就是锈钉发挥作用的地方。简单调整一下比例，就能让您获得想要的甜味和草药口感。

SCOTTISH
BLUEBELL
MATCHES

RUSTEN SPIKER

锈钉主攻手

700 毫升单一麦芽威士忌，酒精度为 50%（相应地调整度数）
20 克白桦树皮茶、15 克茴香籽、10 克道格拉斯冷杉干针叶
5 克小片肉豆蔻、0.5 克 /2 撮藏红花、175 克石楠蜂蜜

将所有的威士忌和香料加入一个梅森瓶并密封。浸渍至少一周。用一个细眼滤茶器过滤液体，然后把蜂蜜放入一壶热水中加热。拌入蜂蜜和威士忌，直至完全融合。不需要加入更多的威士忌（除非您愿意），只需把冰倒在上面，用桦树皮和迷迭香枝装饰。

您可能会注意到，涉及自制成分时，威士忌部分特别需要亲身实践。虽然我并没有打算这样做，这并非毫无根据，因为我们在经典威士忌鸡尾酒中发现了独特的风味搭配。许多这类鸡尾酒都需要将威士忌与知名品牌的草药利口酒混合在一起，而这些草药利口酒最初是药用的。您可能也注意到，由于广泛的商业化运作，一些利口酒已经变得有些稀缺了。但是作为药用来源，无数文本详细介绍了使用天然成分和传统制备方法生产类似产品的制造工艺。有了这些参考文本，再加上现代调酒师可选择的各种优质原料，开发出一些品质卓越的利口酒并不困难。

杜林标是一种可以改良的利口酒。您不必仅仅把提高鸡尾酒质量视为劳动密集型方法。这个食谱让我们获得一种可以在整个冬天，在晚餐后或其他适宜的时间享用的烈酒。我用北欧国家常见的香料和植物的味道给这款酒进行了充分的“冬季化”，我想这样的酒可以让人在冬天富有活力。

在开发一种以威士忌为基酒的蜂蜜利口酒时，威士忌和蜂蜜至关重要。是的，这种利口酒还会加入北欧草药和其他植物成分——它们的选择方法和数量也很重要——但使用廉价的威士忌或劣质蜂蜜会对味道产生负面影响，很难恢复过来。与利口酒不同的是，瓶装杜林标的酒精度为40%，因此效力与调和威士忌以及许多单一麦芽威士忌相同。但是，如果您用酒精度为40%的烈酒来制作利口酒，那么一旦添加了甜味剂，您就会得到酒精度低于40%的酒。解决方案是使用一种更烈的威士忌，这使我们想到单一麦芽和“桶强”威士忌。

至于蜂蜜成分，我建议您在选择之前先试一试。我发现伦敦博罗市场的“从田野到花朵”（From Field to Flower）非常开放，可以品尝各种风味的蜂蜜。最后我做出了正确的选择——挪威的石楠蜂蜜。这款蜂蜜的颜色相对较浅，但有大量清凉的花香，描绘了鲜明的地方特色。

对于草药的浸渍，我使用了少量耐寒的秋冬草药，还有白桦树皮和道格拉斯冷杉针叶。我特意选择了源自北欧的这些食材，它们具有更丰富的草药、木质和咸味的特色。这款利口酒需要苦味，使用不甜的调料是一种策略，旨在抵消蜂蜜带来的甜味，使味道变干并避免乏味。

至于白桦树皮茶，它有一种明显的苦涩和温暖桑拿浴的味道。确保您采购的白桦树茶是由红色的韧皮部制成的。哦，倘若您还没想好，别忘了“Rusty Spiker”在挪威语中的意思是“生锈的钉子”。

BOULEVARDIER

花花公子

40 毫升美格波本威士忌、20 毫升金巴利酒

20 毫升马提尼红威末酒

把所有的材料都加到调酒杯中，加冰块搅拌至少 90 秒，滤入冰镇过的蝶形杯，用一小片橙子装饰。您也可以在调酒杯里加点水，这样做有助于减少金巴利的糖浆味，让酒味变淡一点。

如果这款鸡尾酒的配方看起来很熟悉，那是因为它确实很熟悉。花花公子是尼格罗尼的美国表亲，后者以美国威士忌为基酒制成，以一位在法国居住的美国人的名字命名。

这款酒和其他很多酒一样，是由巴黎哈里的纽约酒吧的哈里·麦克艾霍恩发明的。在他的著作《酒吧常客与鸡尾酒》(*Barflies and Cocktails*)(1927)中只是简单提及，不是在鸡尾酒配方中，而是在接下来的结束语里。他描写了滑稽的常客，“现在时候到了，该让所有酒友出场，为这个派对助力了，因为厄斯金·格温恩已经提着他的花花公子鸡尾酒闯了进来：1/3 金巴利、1/3 意大利味美思和 1/3 波本威士忌。”厄斯金·格温恩是一位年轻富有的记者，他从纽约来到巴黎。1927 年，他创办了一本专为城里时髦的男人出版的文学杂志，名字叫——你猜对了——《花花公子》。

从表面上看，这似乎是一个简单明了的起源故事：一位著名的鸡尾酒调酒师用自己的文字描述了这种饮料的发明经过，还有一个著名记者朗朗上口的名字……但有几个问题还没解决。

第一个需要解决的问题是，1927 年，哈里・麦克尔霍恩是怎样在他的酒吧里喝上波本威士忌的？当然，当时法国还没有禁酒令（苦艾酒被禁除外），但美国的烈酒生产已经暂停了近十年，那里生产的唯一威士忌是用于医疗的。唯一的答案是，在 20 世纪 20 年代之前，麦克尔霍恩已经储存了相当多的波本威士忌，并且肯定对含有波本威士忌的饮品收取了高价。

第二个让人好奇的是酒本身。它和尼格罗尼有很多相似之处，这让许多鸡尾酒专家得出结论，认为它是以尼格罗尼为基酒的，而后者是 1919 年或 1920 年左右在佛罗伦萨发明的。1919 年，哈里・麦克尔霍恩出版了一本名为《哈里鸡尾酒调酒入门》（*Harry' s ABC of Mixing Cocktails*）的书，但正如您所料，书中并没有提到花花公子和尼格罗尼。1927 年出版的《酒吧常客与鸡尾酒》一书中也没有提到尼格罗尼。事实上，你要等到 1959 年科林・辛普森（Colin Simpson）撰写的《在欧洲觉醒：澳大利亚人和新西兰人旅行之书》（*Wake Up In Europe: a Book of Travel for Australians & New Zealanders*）出版后，我们才看到有文字记载的尼格罗尼酒。

然而，1922 年重印的《哈里鸡尾酒调酒入门》让我们确信，我们确实遇到了一款新的鸡尾酒，它含有等量的威士忌、金巴利和味美思。这款鸡尾酒是用加拿大威士忌和法国味美思调制的。这款酒的名字叫老友（Old Pal）。令人难以置信的是，哈里将老友的发明归功于另一位住在巴黎的美国记者，正如我们可以看到的：配方出自《纽约先驱报》（巴黎版）体育编辑斯帕罗・罗伯逊（“Sparrow” Robertson）之手。

总之，整个事情有点乱。但在酒精记录方面，混乱的情况并不少见。不

用说，很多关于酒的文章都是在作者受到酒精影响的情况下写的，您看到的这本也不例外。但是，我们知道，哈里在 20 世纪 20 年代对金巴利、味美思和威士忌进行了调制，因此我认为，公平地说，无论是老友还是花花公子，都是完全独立于尼格罗尼而创造出来的。

这就留下了最后一个相当重要的问题：花花公子是一款好的鸡尾酒吗？

嗯，用波本威士忌代替金酒的好处是，不同于精致的金酒，这种陈年烈酒实际上能在成品酒中分辨出来。我喜欢尼格罗尼，就像我喜欢脖子上文着苦酒瓶的调酒师一样，但要在一杯等量的尼格罗尼中挑出金酒，几乎是不可能的，对于花花公子来说就不是这样了。话虽如此，我还是觉得，把波本威士忌的量调高一点，让它更闪亮一点会比较实用。这将使鸡尾酒进一步朝曼哈顿的方向转变。其实，如果您用圆圈代表尼格罗尼和曼哈顿，画一个维恩图，那花花公子就处于交叉处。

有了这样的血统背景，花花公子并没有从深夜轮班的调酒师的领域发展到普通客人的领域，这令人相当困惑。尝试一下吧！

BOULEVARDIERÀ LA RUE DAUNOU

大道

40 毫升樱桃烟熏波本威士忌、20 毫升金巴利

20 毫升马提尼红威末酒、5 毫升 /1 茶匙乐加维林 16 年苏格兰威士忌

5 毫升 /1 茶匙佩德罗－希梅内斯雪莉酒（Pedro Ximenez Sherry）

您可以使用第 75~82 页所列的任何方法来抽波本威士忌。与平常的吸烟一样，诀窍是用烟浸透酒精，制成浓缩酒，然后用未用烟熏过的波本威士忌稀释，直到达到可以接受的浓度。这款酒理当有烟熏味，但也必须用水果味平衡烟熏味。

把所有的材料都加到调酒杯里，加冰块搅拌至少一分钟。滤入蝶形杯，用烟叶装饰。

有人可能会说，您不可能真正复制一款经典鸡尾酒的味道，除非您也复制了这款鸡尾酒的最初消费环境。对于巴坦加（Batanga）来说，这可能意味着酷热难耐和塑料野餐桌。对白色佳人而言，则是大理石台面的酒吧和爵士钢琴。若是 20 世纪 20 年代巴黎发明的鸡尾酒呢？当然是满屋子的烟味啦！

毫无疑问，如果您在 1920 年的哈里大街上畅饮花花公子，您也会处在周围几百升烟雾弥漫的空气中。毫无疑问，烟斗在这里也很流行，但香烟是一个法语词汇，而且香烟是法国的同义词——从科莱特到谷克多，从加缪到可可·香奈儿（哈里的著名赞助人），法国创意界的伟大人物都喜欢它们。实际上，巴黎甚至拥有一座吸烟博物馆（Museum of Smoking），并以16世纪法国外交官让·尼科（Jean Nicot）的名字命名了一条街道，他把从美国进口的烟叶送给凯瑟琳·德·梅第奇（Catherine de Medici），治疗她的偏头痛，尼古丁因此得名（事实上，法国近来对吸烟的痴迷被夸大了，该国的人均消费量实际上远低于俄罗斯、中国或巴尔干半岛国家）。

所以法国的文化历史让我们有充足的理由"吸食"花花公子鸡尾酒，但是不要急，别忘了这款鸡尾酒是以美国烈酒为基酒酿制而成的，同烧烤和意大利开胃酒是绝配，后者用了橘子（与烟味道很有亲和力的一种配料）。现在我们有了一款听起来相当美味的混合鸡尾酒。

当然，我并不是要用香烟或雪茄的烟雾熏这款鸡尾酒，因为有充分证据证明，香烟和雪茄会产生毒性，相当不受欢迎。我也不会使用烟草浸渍，因为毒素很容易从烟草中释放出来，并且在浸渍过程中会高度浓缩。与以上相反，我抽的是泥煤味威士忌和樱木烟管的组合。威士忌中的泥炭烟会给酒带来烟熏的酚类香气，而樱桃木的烟味则会带来更淡的水果味。我还在鸡尾酒中加入了少量PX雪莉酒，这会带来和杏子之类干果的味道。整体效果将会让人想起潮湿、水果味的烟草，飘过经典花花公子苦乐参半的潮流中。也许它尝起来有点像在巴黎多努街5号哈里的纽约酒吧里供应的原版鸡尾酒。

Robt. Burns
de Luxe

BOBBY BURNS
鲍比伯恩斯

50 毫升帝王 15 年苏格兰威士忌

25 毫升马提尼红威末酒、7.5 毫升法国廊酒

将所有的材料都加入调酒杯，加冰块搅拌 90 秒。滤入冰镇过的蝶形杯，用一小片橙皮装饰。

众所周知，这种饮料是以 18 世纪苏格兰诗人罗伯特·彭斯（Robert Burns）的名字命名的。还有谁能比这位苏格兰的民族诗人更配得上鸡尾酒的名字呢？

与我所有苏格兰朋友的习惯相反，彭斯并不酗酒。然而，他的很多诗歌都与大麦约翰（John Barleycorn）（大麦和大麦饮料的代名词）和乌斯夸拜（usquabae）（盖尔语中的意思是“威士忌”）的故事有关。威士忌对彭斯来说确实是一个充满感情的话题。众所周知，这位“农夫诗人”是一位农民，同时也是一名税务官员（或称收税官），他自然去过一些苏格兰最古老、最具传奇色彩的酿酒厂。虽然他已去世 220 多年了，但人们享受威士忌时，总能想起彭斯，每年 1 月 25 日是这位诗人的诞辰，许多不喝威士忌的人都会喝杯威士忌来纪念他。

至于这款鸡尾酒，从表面上看，似乎毫无新意。同许多其他鸡尾酒一样，关于这款鸡尾酒的第一次书面记载是在哈里·克莱多克的《萨沃伊鸡尾酒书》（*The Savoy Cocktail Book*，1930）中。这款酒以苏格兰和意大利味美思为基酒，再加少许法国廊酒（Benedictine）。“这是最好的威士忌鸡尾酒之一”，克莱多克写道，并补充说，“它是圣安德鲁日（St. Andrew 's Day）的一个快速推动者”。

只有一个小问题。没人会把罗伯特·彭斯称为鲍比·伯恩斯。称他为罗比都有可能，但绝不会是鲍比（Bobby）。多年来我一直在想，克莱多克用某个人的名字来给一款鸡尾酒命名——这种明显懒散的命名方式——为什么却用错了他们名字？

为了弄清这件事的真相，也许有必要向前看，而不是往后看。在《萨沃伊鸡尾酒书》出版一年后，阿尔伯特·史蒂文斯·克罗克特（Albert Stevens Crockett）的《沃尔多斯经典酒吧全书》（*The Old Waldorf Bar Days*）也出版了。这本书包含了491道诱人的开胃菜和有益的饮料，是纽约最初的华尔道夫阿斯托里亚酒店（Waldorf–Astoria Hotel）的墓志铭。1929年，该酒店被夷为平地，为建造帝国大厦让路。考虑到这一点，我们可以假设，书中提到的所有鸡尾酒在酒店关闭之前就已经存在了，包括一种需要苏格兰威士忌和意大利味美思，最后加入少许苦艾酒和橘子苦精的鸡尾酒。克罗克特称这款鸡尾酒为罗伯特·伯恩斯。我们可以假设，克莱多克改变了这款鸡尾酒，从而就把罗伯特变成了鲍比。

故事情节变得复杂起来，因为克罗克特加入了以下注释：它当时可能是以著名的苏格兰诗人的名字命名的。不过，它的命名很可能是为了纪念一名雪茄推销员，他在酒吧里“够买”了这款酒。

事实证明，罗伯特·伯恩斯曾经是一个大约从19世纪中期开始很受欢迎的雪茄品牌，从1917年开始在美国全国范围销售。也许前面提到的推销员也叫罗伯特·伯恩斯，但在我看来，他只是抽了很多自己推销的产品，而且鸡尾酒的名字来自一个雪茄品牌，这似乎更合理。

在我看来，这似乎比克莱多克早些时候出版的酒谱中的起源更可靠。但这还是不能解释克莱多克把名字改成鲍比的原因。也许是为了法国廊酒（Benedictine）的头韵？抑或只是为了把它和华尔道夫版本分开?

或许最显而易见的解释是正确的：他以美国演员鲍比·伯恩斯的名字来为这款鸡尾酒命名。鲍比·伯恩斯在1908~1952年间出演了200多部电影。

BUCKY BURNS
巴基伯恩斯

45 毫升克莱格拉齐 17 年苏格兰威士忌
20 毫升巴克法斯特强化甜型红葡萄酒（Buckfast Tonic Wine）
10 毫升露酒利口酒（Braemble Liqueur）

向调酒杯中加入冰块，然后倒入所有的配料。搅拌一分钟，滤入冰镇过的牛角杯角。用葡萄、黑莓和大麦枝装饰。

作为一款与苏格兰有着如此紧密联系的酒，鲍比伯恩斯的历史和建筑中有一些明显的非苏格兰主题。它是由一个美国人在纽约发明的，使用了法国利口酒和味美思，并以一个美国雪茄品牌命名。它唯一的苏格兰特色就是威士忌。鉴于这款鸡尾酒和苏格兰之间的紧密联系，这些事实让我不太适应，所以我开始开发这款经典酒的改良版，它很大程度上依赖于苏格兰风味。

遗憾的是，苏格兰并不是世界上最大的味美思生产国之一。事实上，在我写这篇文章的时候，市面上只有一个牌子，它是干味美思。然而，苏格兰人偏爱草本植物葡萄酒，主要是一种咖啡因含量很高的味美思，名为巴克法斯特强化甜型红葡萄酒。

巴克法斯特最初是 19 世纪德文郡巴克法斯特修道院的修道士调制的。1927 年，修道院失去了酒类销售许可证（其中原因不得而知，但如果这与“巴基酒”的消费有关，我也不会感到惊讶）。从那以后，酒类销售授权给了第三方。我从没见过德文郡有人喝巴克法斯特。我也没见过英格兰其他地方的人喝这种酒。但是，天哪，苏格兰人喝。事实上，巴克法斯特因其与暴力犯罪的联系而颇有名气，尤其是在格拉斯哥。2015 年，《卫报》将其描述为一种“具有几乎超自然破坏力的饮品”。在格拉斯哥市中心，巴克法斯特被通俗地称为“拆房汁”(wreck the hoose juice) 和“骚动剂”(commotion lotion)。

与此同时，在德文郡，修道士坚称他们的产品不含任何会引发暴力行为的成分。但据报道，在苏格兰 40% 的逮捕案例中，巴克法斯特是一个重要因素，它可能有点邪恶。

好消息是它尝起来很像甜味美思，只是更甜一些。但是由于它的咖啡因含量是可口可乐的三倍，您要少用一点，因此它可以成为很棒的鸡尾酒调节剂。

我用一种叫露酒（Bræmble）的苏格兰利口酒代替法国廊酒。这款产品是我的一些朋友在 2017 年推出的，由爱丁堡的覆盆子（Braemble）鸡尾酒吧的老板牵头。不出所料，这款利口酒是以覆盆子鸡尾酒为基础的，覆盆子鸡尾酒通常由金酒、柑橘和黑莓利口酒（crème de mûre）调制而成。然而，这种利口酒并不像您想象的那么甜，相反，它被赋予了深色森林水果和美味干酒的品质。

最后，还有威士忌。问问任何一个格拉斯哥的年轻人，他都会告诉您，当您和巴克法斯特对抗时，需要一些真正的后援。所以我要以有分量的原料来帮帮 17 年克莱格拉齐（Craigellachie 17）。它不便宜，但很美味，通过热带水果、轻烟和肌肉发达的口感结合，它向巴克法斯特打出了一个漂亮的右勾拳，而露酒（Bræmble）同水果和花卉一同迸发出光彩。

WHISKY MAC

威士忌姜酒

45 毫升艾柏迪 12 年苏格兰威士忌

30 毫升原汁原味宝石生姜酒（Stone' s Original Ginger Wine）

将所有材料加入加冰的古典杯，搅拌 1 分钟。搞定。

有一小部分混合鸡尾酒很少出现在鸡尾酒菜单上，但是几乎每个端起过一杯酒的人都知道它们。这些鸡尾酒不需要介绍，更不需要对它们大惊小怪，那会完全错过要点。它们是鸡尾酒界的灯芯绒（永远不会过时，也永远不会成为时尚）：它们让您感到熟悉、平易近人，但没有得到足够的赞赏。如同灯芯绒，在极少的情况下，我们才会选择试穿，结果却发现它们完全合身。

威士忌麦克鸡尾酒（Whisky Mac）就是其中一种。您上次在酒吧点麦克鸡尾酒是什么时候呢？您可能从来没点过。但您是知道它的，并且知道它尝起来像威士忌和生姜。

大多数威士忌麦克鸡尾酒的配方都规定，必须使用原汁原味宝石生姜酒作为鸡尾酒的生姜成分。我怀疑威士忌麦克鸡尾酒是不是用原汁原味宝石生姜酒以外的东西调制出来的。对于那些没有喝过宝石生姜酒的人，我可以告诉您，它不完全是一种葡萄酒，也不完全是一种利口酒。

这种酒是将熟透的葡萄和生姜混合发酵，然后加入酒精、甜味剂和其他调味品进行强化。重点是甜味剂。酒精度为13.9%，糖比酒精更容易让您醉。不过，原汁原味宝石生姜酒的味道很棒，如同您吃过的每一种生姜，从寿司里切成薄片的生姜到姜根糖，再到姜果仁饼干。它同飘仙（Pimm 's）（味道相似）之类的酒一样，都是值得信赖的英国开胃酒中最伟大的品牌之一。

与教父（Godfather）（苏格兰威士忌和苦杏酒）和锈钉（见第235~236页）相似，威士忌麦克鸡尾酒有点像一种自制的苏格兰威士忌利口酒。不同之处在于生姜和苏格兰威士忌这两种食材天然的完美结合。我用了天然这个词，这当然是有意为之。生姜的香味比我能想到的任何其他原料都更适合苏格兰威士忌。关键是要选对苏格兰威士忌。

我会完全避免有泥炭特征的威士忌，坚持使用较清淡的麦芽或混合威士忌。理想的情况是，我们应该与蜂蜜混合，但也充满绿色的特点，也许可以加入一些潜在的香料。这将给姜汁酒带来一定的吸引力：一种可供搭配的调色板口味。

最终的效果不应该是苏格兰威士忌和生姜的混合味道，而是一种全新鸡尾酒的味道。一种您刚刚调制好的鸡尾酒，它将是独一无二的。正是在这些饮品中——那些本来就应该是并且比它们各部分的总和更好的饮料——我们可以判断出什么才是一款好鸡尾酒。

STONE'S
ESTABLISHED
GREEN GINGER WINE
13.5% VOL
Dewar's
TRUE SCOTCH
Aged 12 Years
The Ancestor
BLENDED SCOTCH WHISKY
John Dewar & Sons
PERTHSHIRE

BANANA BARREL WHISKY MAC

桶装香蕉威士忌姜酒

450 毫升艾柏迪 16 年苏格兰威士忌

225 毫升桶装香蕉生姜酒、50 克糖

按照下面的配方，让混合物静置 3 个月。现在应该可以装瓶了。当我制作姜汁酒时，纯粹是为了威士忌鸡尾酒，所以我把姜汁酒和威士忌一起装在瓶子里，并预先混合储存起来。混合一种威士忌是值得的，可以自己确定喜欢的比例，但我倾向于按 2：1 的比例来装威士忌。我的姜汁酒直接从酒桶里倒出来就没有多少甜味，比商店里买的瓶装姜汁酒更酸，所以您肯定需要加些甜味。如果您把桶装香蕉威士忌姜酒（Banana Barrel Whisky Mac）放在黑暗的橱柜里，它就可以无限期地保存下去。我发现我较早酿造的一些威士忌经过岁月的沉淀，口味有所改善，因为威士忌和葡萄酒的味道融合在一起，产生了一种亲和力。

桶装香蕉生姜酒

150 克生姜（无须去皮）、700 克糖、300 克石楠蜂蜜
20 克柠檬皮、500 克苏丹娜 / 金葡萄干、7 克碎肉豆蔻
300 克去皮切片香蕉（大约 3 根）、5 升水
120 毫升柠檬汁（大约需要 4 个）、7 克香槟酵母
5 克 /1 茶匙酵母营养素
可调 5 升的量

将生姜、糖、蜂蜜、柠檬皮、苏丹娜 / 金葡萄干和肉豆蔻放入搅拌机中搅拌，直到所有材料都变成粉末并开始结块。将搅拌好的混合物放入 5 升的无菌塑料桶，加入 2.5 升沸水（您也可以用一些水来清洗搅拌器）。香蕉剁碎，放入 500 毫升水中煮 20 分钟。把香蕉水滤到桶里。加入剩余的水和柠檬汁，一旦温度降到 25℃以下，就加入酵母和酵母营养素，用消毒过的搅拌器或勺子充分搅拌。

盖上桶盖，不要盖紧，每天搅拌一次，持续 4 天。4 天后，用平纹细布 / 粗棉布和无菌漏斗将液体滤入 10 升的桶中。在桶的顶部安装一个塞子和气闸阀，将里面的混合物放在温暖的地方发酵一个月。

打开桶上的龙头，小心地把液体滤入一只干净的 5 升坛子里。在这个阶段，葡萄酒已经准备好甜化，但随着进一步的陈化，它会澄清并改善品质。

自己酿制姜汁酒非常简单，也为您提供了很多定制的机会，这样您就可以把您的葡萄酒和您最喜欢的威士忌搭配起来。发酵的葡萄酒也比从货架上买的划算得多，而且它可以为您提供吹牛的权利。

我的姜汁酒配方宗旨是要在酒桶中长时间发酵，但如果您喜欢，也可以使用酿酒师的大桶。使用木桶的美妙之处在于，它能提取让我们联想到橡木桶酿制的霞多丽白葡萄酒（Chardonnay）或波本威士忌（bourbon whiskey）的椰子和香草味道。当您调制鸡尾酒的时候，这将使葡萄酒和威士忌之间形成更密切的关系。

为此，我喜欢在酒的发酵过程中加入一点香蕉片，这样就能在香蕉和促使发酵的香料之间建立联系。随着时间的推移，木桶特性会慢慢渗入酒中。最终的成品介于甜雪莉酒、波本威士忌、罐装朗姆酒和优质姜汁啤酒（没错，就是那种美味）之间。

请参阅第 79 页关于购买木桶的小贴士和第 57~58 页关于发酵过程与技术的更多细节。

FABRICA
110

55% Alc.Vol.
BLANCO

Don
100% de Agave
0332

龙舌兰酒

TEQUILA

EL DIABLO

暗黑恶魔

1/2 个大青柠、30 毫升微陈龙舌兰酒

15 毫升黑醋栗甜酒、姜汁汽水

把青柠檬挤到一个小高球杯的底部，把柠檬皮也放进去。加入龙舌兰酒和黑醋栗甜酒。扔进大量冰块，搅拌均匀。加满姜汁汽水（如果您喜欢，也可以加姜汁啤酒），再加些冰，然后再快速搅拌。用一片青柠装饰。

没有一本规则手册可以正确引导人们进入龙舌兰酒的世界。我们中的大多数人要么先喝一小杯 shot（加一点盐，然后再加一片柠檬片），要么喝一杯玛格丽特（Margarita）（见《好奇的调酒师：全面掌握调制完美鸡尾酒技艺的精髓》第 188~190 页）。前者通常用的是劣质的混合龙舌兰酒（mixto tequila）；后者通常是冷冻的，或者是制作拙劣的（用混合龙舌兰制作）。然而，如果龙舌兰酒的规则确实存在，那么没有比暗黑恶魔更适合介绍给人们了。

当然，这个名字（翻译过来就是“魔鬼”）并不能让人对这种鸡尾酒的潜在缺点充满信心。事实上，它并不是一个特别贴切的名字，可能考虑更多的是酒的颜色和适销性，而不是它的效果。暗黑恶魔是一款绵长而清爽的鸡尾酒，它融合了龙舌兰酒最大胆的两种口味：泥土的辛辣和水果味。

从基因上讲，暗黑恶魔接近木桶马车骡子（Buck or a Mule）（见《好奇的调酒师：全面掌握调制完美鸡尾酒技艺的精髓》第 98 页）或黑色风暴（Dark and Stormy）（见《好奇的调酒师：朗姆酒革命》）。苦精已被换成黑醋栗甜酒，姜汁汽水取代姜汁啤酒，而且效果很好。多汁的黑醋栗让人联想到在一款好的桑格丽塔酒（Sangrita）中品到的水果味（见《好奇的调酒师》第 193 页）。它让龙舌兰酒变得柔和，同时也使之有了一些更加明亮的特质。与此同时，姜汁汽水增加了酒的绵长度、干燥度和深度。暗黑恶魔是一款让您一想到就会流口水的鸡尾酒。

就这款鸡尾酒的起源而言，它似乎是由维克多商人维克·伯杰龙（Trader Vic. Victor Bergeron）发明的。当然，维克是 20 世纪 40 年代提基运动的先驱之一，提基运动以其对朗姆酒的大量使用而闻名。但是维克的饮料并不局限于以甘蔗为原料的酒类饮料，在维克的作品和他的鸡尾酒菜单上，偶尔也会出现龙舌兰、威士忌和掺有金酒的饮品。

暗黑恶魔出现在维克的第一本书中，那就是《维克的饮食手册》（*Trader Vic' s book of Food and Drink*，1946）。当时它的全称是墨西哥暗黑恶魔（Mexican El Diablo），暗示了这款鸡尾酒的早期版本曾经不使用龙舌兰酒作为基酒。到 20 世纪 60 年代末，维克已经删去了“墨西哥”。在他 1968 年出版的《太平洋岛烹饪书》（*Pacific Island Cookbook*）里，它的名字就是暗黑恶魔。之后，发生了相当不寻常的转折性事件，维克在他 1972 年修订版《维克的调酒师指南》（*Trader Vic s Bartender s Guide*）中公开了墨西哥暗黑恶魔和暗黑恶魔的酒谱。酒谱内容是相同的，只是鸡尾酒的构成（加冰的准确时间和吸管配备）有差异。

LOBELIA

半边莲

40 毫升唐胡里奥龙舌兰酒（Don Julio Blanco Tequila）

150 毫升利宾纳发酵（Ribinger Ferment）

将龙舌兰酒倒入装满冰的高球杯，搅拌均匀。小心地倒入发酵液，边倒边搅拌。我从花园里摘了一片黑醋栗叶做装饰，但也可以不做任何装饰。

注意：有时发酵过程中的确会产生少量酒精，如果您打算给孩子们喝的话，要注意这一点。

我很幸运，拥有几家酒吧，还有一个设备齐全的饮料实验室供我使用。这意味着我可以收集各种原料，并使用多种不同的技术来获得最佳的效果，完善我的鸡尾酒概念。如果我试验的时间足够长，我相信我总能找到各种成分的最佳版本，并找出提取其精华的最有效方法。尽管如此，这有时意味着一种配方需要非常具体的产品和高度专业的技术，往往使鸡尾酒超出大多数高端酒吧的能力范围，更不用说业余的家庭调酒师了。

因此，这让我产生了思考：能只用普通超市买来的原料、几瓶当地酒铺买的酒和最基本的厨房设备就能调制出正宗的鸡尾酒吗？我承认，我花了好

几个月才找到答案。

通常情况下，最好的前进方式是回顾过去。许多原创鸡尾酒是在厨房而不是酒吧里诞生的。从 20 世纪初开始，许多关于酒吧工艺的最佳文献实际上是为家庭主妇提供的手册，提供了酿制甜酒、葡萄酒和发酵品的最佳做法。通常，这些都是简单的酒谱，甚至适合最基本的厨房环境。它们大多是为了保存时令食材：酸渍、腌制、保存和发酵。

发酵最近又回到了一些顶级酒吧里，这是一种从日常果汁和糖浆中以低成本制造超级复杂成分的方法。自己发酵果汁和甜酒的好处有很多：获得平衡甜度和乳酸度，天然的气泡和实实在在对健康有益。

我在《好奇的调酒师：全面掌握调制完美鸡尾酒技艺的精髓》里加入了两种发酵成分的配方〔见第 60 页香槟金菲士（Champagne Gin Fizz），第 98 页至第 99 页的木桶马车骡子（Barrel Cart Mule）〕，但这两种饮料都需要大量的准备工作和大约 10 种不同的配料。

半边莲，以一种紫色的花命名，几乎是暗黑恶魔的字谜，这款酒只需要 3 种材料。

好吧，我说谎了。您要是把水和酵母包括在内，它需要五种材料。我认为酵母更多的是一种工具，而非原料，因为它不会直接产生风味，但至关重要的是，它在发挥作用的同时能创造风味。在任何情况下，您都需要购买一些酵母（在超市的烘焙区）。

这个过程很简单。取商店买的黑醋栗甜酒和姜糖浆，与水和酵母混合，让它发酵几天，冷藏，然后与龙舌兰混合，就可以饮用了。发酵会产生足够的酸度，来平衡甜酒 / 糖浆中残留的（未发酵的）糖，但它也会将生姜和黑醋栗混合成一种新的口感和风味，您很难相信从这些基本原料中可以得到如此美妙的饮酒体验。

利宾纳发酵

100 毫升姜糖浆（用瓶子或罐子保藏的生姜）

大约 25℃ 500 毫升的水、3 克干酵母

175~200 毫升利宾纳（黑醋栗）甜酒

足够调制 6 杯鸡尾酒

取一个 1 升的无菌塑料瓶，加入 100 毫升的温水和所有酵母。把瓶子摇一摇，让酵母和水混合 5 分钟。加入甜酒、姜糖浆和剩余的水，拧上盖子，充分摇匀液体。拧开瓶盖，把盖子放在瓶子顶部。把瓶子放在温暖的地方放置 2~3 天（如果环境温度的确很高，放置时间要缩短，反之，则时间会延长）。把盖子拧紧，再放置一天。最后，把瓶子放进冰箱储存。这会停止发酵，如果您想避免黑醋栗和姜爆炸，这是一个必不可少的阶段。如果可能的话，让发酵物在冰箱里放上几天，让酵母有时间沉淀在瓶底。当您准备打开瓶子时，务必要小心，以防气泡干扰酵母。

BATANGA

巴坦加

粗海盐片、60 毫升唐胡里奥龙舌兰酒

150 毫升可口可乐

用粗海盐片给高球杯镶边。加满冰块，然后加入龙舌兰酒和可乐。充分搅拌均匀，最好是用刀，这也是唐·哈维尔（Don Javier）的最爱。然后，在上面插一片青柠。

在我们讨论这款酒的细节之前——对于它们有什么——请允许我坦白一些事情。开始写这本书之前，我只喝过八杯巴坦加，而且都是在一个专门的酒吧一次性喝完的。那家酒吧名叫小教堂（La Capilla），位于墨西哥龙舌兰镇的老城区。

事实上，龙舌兰酒的名字就是从这个小镇而来的。19 世纪，龙舌兰酒的品质使它闻名于世。La Capilla 是镇上现存最古老的酒吧，名字翻译过来就是“小教堂”。那些在这个神圣的殿堂朝圣的人会有很多开心的事。不是因为“小教堂”是一个美丽的空间，也不是因为这里的酒是世界上最棒的，而是因为它的精髓符合您对所有酒吧的期待：舒适、友好、充满对一百万杯饮品被端上、一百万个笑话被破解、一百万杯烈酒令人振奋的记忆。

“小教堂”的仪式部长和圣餐分发者是教堂原主人——现年 90 多岁的唐・哈维尔・德尔加多・科罗纳（Don Javier Delgado Corona）的孙子。哈维尔是酒吧界的传奇人物，部分原因是他对每个人都热情欢迎，但也因为他发明了两种最好的龙舌兰鸡尾酒：帕洛玛（Paloma）和巴坦加。

除非您住在墨西哥或在酒吧工作，否则您可能不会把龙舌兰酒和可乐混在一起。但这是一个成功的组合；可口可乐中的柑橘、肉豆蔻和肉桂完美地补充了烈酒的香料和植物特征。这种混合饮料在墨西哥很常见，墨西哥的人均碳酸饮料消费量超过其他任何国家（每人每天半升）。他们也喝不少龙舌兰。

要做出真正的巴坦加，您最好有墨西哥的可口可乐。在墨西哥，可口可乐的配方与世界其他地方略有不同，因为他们用的是蔗糖，而不是高果糖玉米糖浆（high-fructose corn syrup），而且可乐中的钠含量大约是其他的两倍。

大家普遍认为墨西哥的可口可乐更好喝，但研究证明，实际上大多数人更喜欢美国版的味道。墨西哥产品的优势在于感知力，并且，它是装在玻璃瓶而不是塑料瓶里的。在口味测试中，人们更喜欢用玻璃杯盛可乐。墨西哥品种的味道——这可能是我的大脑在愚弄我——似乎略微添加了根汁汽水的特点，让人联想到薰衣草和茴香。它还让人感觉带有更多气泡，更有活力。

COCA-QUILA

古柯基拉

700 毫升唐胡里奥 1942 龙舌兰酒、30 克切片橙皮，去除白色部分

30 克切片柠檬皮，去除白色部分、10 克碎肉桂棒

5 克 / 1 茶匙整个香菜籽、1 整个碎肉豆蔻

20 克粗磨咖啡、150 克糖、3 克盐

5 毫升 / 1 茶匙橙花水

取一个大玻璃瓶或塑料容器，加入龙舌兰酒、柑橘皮、肉桂、香菜籽、肉豆蔻和咖啡。将瓶子 / 容器密封，在温暖的地方保存 2~4 周，或者保存到能提取出您想要的味道。用平纹细布 / 粗棉布过滤液体，然后与糖、盐和橙花水混合。

与伏特加、朗姆酒和波本威士忌不同，龙舌兰烈酒基本上避免了被当作“调味”产品出售的侮辱。或许这是因为调味烈酒通常针对的是年轻的饮酒者，而龙舌兰酒已经锁定了这一群体。或许这是因为龙舌兰酒已经充满了风味，根本不需要辅助成分的帮助，又或许是因为龙舌兰酒和其他口味不搭配？说实话，我只尝过一种调过味的龙舌兰酒，即培恩墨西哥 XO 龙舌兰咖啡利口酒（Patrón XO Cafe），它是加入咖啡的，实际上相当不错。市面上还有一些其他风味的龙舌兰酒，但所有这些（玫瑰味、草莓味、海盐焦糖味……）听起来都令人不悦。

所以问题是，我们是不是错过了一个小窍门？有没有可能用龙舌兰酒或麦斯卡尔酒为基酒来制作美味可口的烈酒呢？答案是：是的。最适合加入龙舌兰酒的是可乐——墨西哥最受欢迎的口味之一。

可口可乐的配方并不像可口可乐让您相信的那么神秘。当然，确切的比例只有可口可乐公司知道，但成分是常识。除了水、糖、焦糖色素、咖啡因和磷酸这些列在瓶子上的鲜明成分之外，还有很多标签上没有的其他风味调料，混合在一起形成了可口可乐的味道。这些风味调料是：橙油、肉桂油，柠檬油、香菜籽油、肉豆蔻油和橙花油。有些读者可能还记得我在《好奇的调酒师》中用这些天然成分为我的 CL 1901 鸡尾酒制作了自制可乐，这是基于我在 2009 年开发的早期自制可乐配方。

对于我的古柯基拉，我将同样的天然成分注入一瓶龙舌兰。引用百事可乐的一句老广告语吧："它将击败其他口味。"

这个配方采用了传统的浸渍方法，将水果和香料在液体中冷浸渍几个星期。这很方便，因为它意味着除了砧板、一把刀和一套秤，您不需要任何其他设备。

我建议您给龙舌兰酒加些甜度，这将增强果皮和香料的味道，以及龙舌兰固有的特性。我也在我的古柯基拉里加了一点盐，以复制墨西哥可乐的味道，同时也向唐·哈维尔传奇的巴坦加致敬。

TEQUILA SUNRISE

龙舌兰日出

40 毫升田园 8 号银龙舌、120 毫升冷冻、压榨和过滤过的橙汁
15 毫升红石榴糖浆

将龙舌兰酒和橙汁加入混合杯中，加冰搅拌 1 分钟。滤入冰镇过的高球杯。把石榴汁倒在上面。

现代地下酒吧把禁酒时期浪漫化了，在当时的美国，酒精的销售和供应都是非法的。但人们普遍存在一种误解，认为纽约和华盛顿的非法酒吧里挤满了衣着光鲜的顾客，啜饮着调制完美的马提尼和曼哈顿。现实情况是，他们喝的是劣质或假冒的酒，由二流调酒师调制，因为真正的调酒大师全都去了欧洲。当然，在美国以外的地方，人们仍然可以喝到像样的饮品，在这个时期发明了几款经久不衰的经典饮品。这些饮料大多是由在伦敦和巴黎工作的美国调酒师调制的。但在这一时期，至少有一种经典的鸡尾酒是在北美发明的，具体来说就是在美墨边境的蒂华纳。

假若您发现自己身处 20 世纪 20 年代的美国西海岸，您需要来点刺激的饮料，那您可能会去蒂华纳的阿瓜卡连特（Agua Caliente）旅游度假区，那里有赌场、酒店、高尔夫球场和赛马场，甚至有自己的简易机场。如果您真的去了那里，您可能会碰到查理·卓别林，丽塔·海华斯（Rita Hayworth），或者劳蕾尔（Laurel）和哈迪（Hardy）。阿瓜卡连特靠近美国边境，这是解决喝酒问题的一个有吸引力的办法。在这个度假胜地，“龙舌兰酒”和“日出”这两个词首次被放在了一起。这并不是说这款鸡尾酒是在那里发明的，而是在那里发明了一种同名的饮品。

这种饮品的第一次出现，是在1933年阿瓜卡连特旅游度假区出版的一本饮酒手册中，手册字为《干杯！我之前！》（*Bottoms Up! Y Como!*）。“日出龙舌兰”包含了龙舌兰酒、青柠、石榴汁、黑醋栗甜酒和苏打水，听起来很清新，所以更像暗黑恶魔，而不是我们今天所知道的龙舌兰日出。

龙舌兰日出的一种版本可能在禁酒时期很受欢迎，但它在禁酒令废除后并没有立即进入美国。1941年，蒂华纳凯撒酒店（Caesar's Hotel）（以沙拉而闻名）曾为龙舌兰日出做广告，但在整个20世纪50年代，这种饮料很少出现在任何酒单上。到了20世纪60年代，这种鸡尾酒基本上演变成了一种龙舌兰酸酒，加了石榴汁增加甜度，直到20世纪70年代，橙汁才开始成为它的特色。龙舌兰日出（Tequila Sunrise）在摆脱了大部分可取之处之后一举成名。

这种对龙舌兰日出的广泛采用和掺入，部分原因是人们对龙舌兰越来越感兴趣。龙舌兰是无色无味伏特加的替代品，野性而活泼。喝伏特加的人穿着灰色法兰绒西装，而龙舌兰饮用者不用考虑穿什么。龙舌兰既危险又美味，给那些敢喝它的人带来一种世俗的气息。玛格丽特是这场运动的旗手，但是率领骑兵冲锋的是龙舌兰日出。

那它尝起来是什么味道呢？嗯，不出所料，这取决于橙汁和龙舌兰的质量。在这种情况下，我建议使用100%龙舌兰白酒（agave blanco），因为木质味道和橙汁的亮度不太相配。鲜榨橙汁是最好的选择，但一定要把果肉滤掉。我发现现成的红石榴糖浆很好用。我的最后一个建议是确保饮料的温度尽可能低。这将降低糖浆的甜度，消除柑橘变得松软无味的风险。

TEQUILA SOLERO

龙舌兰索莱罗

我对龙舌兰日出最大的不满，就是它又甜又黏。橙汁里尽是糖和红石榴糖浆，嗯……红石榴糖浆当然是甜的。通常调酒师会在酒里加些柑橘来中和甜度，但这款酒的酸度本来就很高，再酸会严重影响胃的生理机能，让味觉迟钝。可以通过降低龙舌兰日出的温度来降低甜度。酒的温度越低，就越会抑制我们对甜味的感知，正因为此，冰淇淋融化后尝起来才特别地甜，您试着在冰棒融化后尝试饮用时，会觉得喝到的是糖浆。所以，如果我们像对待融化的冰棒一样对待龙舌兰日出，那么就有了解决办法：把它冻成冰棒。

当然，最好的冰棍不仅吃起来美味，看起来也漂亮。从 Twister 冰棍扭曲的架构到火箭冰棍（Rocket Lolly）分层的颜色，视觉吸引力与风味同等重要，甚至更重要。龙舌兰日出的颜色从糖渍樱桃红过渡到圆润的黄色，在视觉上已经具有吸引力。但真正的龙舌兰日出就如同夜空被一点点推向西边，会加进丰富的蓝色和紫色。所以我要让冰冻鸡尾酒的颜色从红色一直推进到深紫色。

为了达到这个效果，在冷冻之前，我需要将每种颜色叠加在一起。这为我使用的龙舌兰（或梅斯卡尔）带来了新的可能性，因为每一层都有不同的烈酒，与各自的水果口味相搭配。我要用石榴、红辣椒和陈年龙舌兰（añejo tequila）来做红色的底料。中间的黄色层是橙汁、黄胡椒汁和梅斯卡尔酒。最上面的紫色一层是布兰可龙舌兰酒加黑醋栗、青柠和生姜。分层的诀窍是，要把更甜的、低酒精的成分放在底部，把干燥的酒精成分放在顶部。

如同一次经典的墨西哥鸡尾酒之旅，这道冰冻鸡尾酒融合了龙舌兰日出、桑格利亚汽酒和暗黑恶魔等元素，是在泳池边度过一天的完美伴侣。

紫色层

60 毫升黑醋栗甜酒、60 毫升青柠汁

60 毫升唐胡里奥银标龙舌兰酒、20 毫升姜糖浆、40 毫升水

黄色层

220 毫升过滤过的橙汁、110 毫升黄椒汁（需要用搅拌机或榨汁机）

20 克糖、70 毫升圣迪佩德拉梅斯卡尔

红色层

100 毫升番石榴汁、20 毫升青柠汁

20 毫升红石榴糖浆、100 毫升唐胡里奥陈年龙舌兰、辣椒酱

可制作 6 支 150 克的冰棒

为此，需要准备6支150克冰棒的模具。

把每一层的原料混合，并将它们放在混合烧杯或小罐子中。接下来，把冰棒模具竖立，将70毫升黄色层放入每个模具的底部。然后稍微倾斜模具，平稳地从每个模具的侧面倒入40毫升紫色层。为了更甜，让紫色的液体沉到底部。

最后，用茶匙或吧勺的底部，小心地倒入40毫升红色层，让它把黄色顶部浮在红色层顶部。把冰箱调到最低温度，把模具放在底部，冷冻至少6小时。如果冰箱温度不够低，可能很难冷冻像这样的含酒液体。

一旦冰棍完全凝固，就在模具外面倒一点冷水，小心地把冰棒滑出来。把冰棒放回冰箱30分钟，或者到您想吃时再取出。

APERITIVO
COCCHI
AMERICANO
JEAN
CINZAN
LOS PA

葡萄酒

W I N E

CHAMPAGNE COCKTAIL

香槟鸡尾酒

2 滴贝桥贝乔苦精、1 小块红方糖

120 毫升冰镇香槟

在方糖上洒上苦精，然后将方糖放入冰镇过的香槟酒杯中。将香槟沿细长香槟杯内边缘小心地倒入，注意不要倒得太快，以免起泡。倒满即可，最后加一个柠檬卷（可以不要）。

根据报纸《天平与哥伦比亚知识库》（*the Balance and Columbian Repository*）（1806）的定义，鸡尾酒是由“任何种类的烈酒、糖、水和苦精”组成。所以如果您把波本威士忌与糖、水和苦精混合，就得到了威士忌鸡尾酒。如果您把白兰地与糖、水和苦精混合在一起……好了，您懂得。但是如果您把香槟与糖、水和苦精混合在一起呢？那您就有一杯稍微有点甜、有点苦，而且过度稀释的香槟。但如果我们把香槟当作酒和水的混合物（您仔细想想，它就是这样），那么我们只需要加苦精和糖。然后您就会调出可口的香槟鸡尾酒了。

香槟鸡尾酒诞生于鸡尾酒调酒的早期。关于这种饮品，最早的书面记载来自罗伯特·托梅斯（Robert Tomes）1855 年出版的一本关于巴拿马的书，书中详细描述了巴拿马铁路建设期间中美地峡的经济、文化和饮酒场所等情况。

托梅斯写道：“我坚信早餐前喝香槟鸡尾酒（原文如此），每天抽四十支雪茄，是对这个世界美好事物的过度享受。”

我想大多数医生都会同意他的观点。托梅斯继续讲述了这款鸡尾酒是如何调制的，使用“气泡水”“嗯……一滴苦精……捣碎的晶莹的冰，再洒在玻璃杯里……加上糖”。

在托梅斯的说明里，有两件事很有趣。第一，酒是放在装有碎冰的玻璃杯里的。若把水视为鸡尾酒的一种原料，冰的使用就让这种饮品更接近真正的鸡尾酒，这意味着这种饮品可能会比现代的版本更冷，但是，唉，遗憾的是，它们是在巴拿马。第二，酒谱中没有白兰地或干邑，但是现在，加入白兰地已是惯常做法。

事实证明，无论是杰里·托马斯《酒吧调酒师指南》（1862）还是哈里·克拉多克的《萨沃伊鸡尾酒书》（1930），在大多数关于鸡尾酒的经典书籍里，白兰地都不会出现在鸡尾酒中。据我所知，威廉·塔林（W. J. Tarling）的《皇家咖啡鸡尾酒手册》（*Café Royal Cocktail book*，1937），是第一本描述了在香槟鸡尾酒中加入白兰地的书，其中的说明是“根据需要使用少量的白兰地”。

现代的配方通常需要 25 毫升的干邑白兰地加香槟。这意味着一般香槟鸡尾酒的酒精含量已从 19 世纪 50 年代的约 8%（考虑到冰块的稀释）翻了一番，上升到现在的 16%。

但对于那些愿意在一杯酒上花费至少 15 英镑的顾客来说，让他们焦虑的不是香槟鸡尾酒的强度，而是它的甜度。对于期待喝到无糖香槟的香槟鉴赏家来说，方糖发出的嗞嗞声就像一枚定时炸弹。重要的是，要认识到这种饮料中的糖并不会对甜度产生多大影响。糖的主要目的是产生气泡，而方糖粗糙的表面是制造气泡的最佳设计。随着成千上万的气泡形成，香槟中的二氧化碳会喷涌而出。

这款鸡尾酒是梦幻般的“视觉剧场”，提示附近的客人自己点上一杯。但是我刚才也说到了，冰冻香槟不太能溶解坚硬的糖块，所以只有最后几口才会有甜味。

LIAR 'S CHAMPAGNE

说谎者香槟

700 毫升夏布利葡萄酒、50 毫升干型阿蒙提那多雪莉酒

25 毫升波士荷式金酒、5 毫升 /1 茶匙查特绿香甜酒

将这些材料混合在一起，冷冻，然后用您喜欢的方法进行碳酸化。在这种情况下，我会（只有这一次）建议使用苏打虹吸管，因为把饮料作为共享鸡尾酒放在冰桶里是很不错的。按照第 58 页的说明，确保至少两次排气和碳酸化。真正的陈年香槟往往比陈化较轻的香槟起泡更少，所以如果您想要一杯真正的陈化香槟，就不需要在酒中加入大量的气泡。

我认为香槟是一种被高估的饮料。不是我不喜欢它，只是如果我有 25 英镑 /35 美元在一家葡萄酒店里消费，我会买一瓶好波尔多（Bordeaux）或勃艮第（Burgundy）葡萄酒。香槟是一种定价过高的起泡白葡萄酒，几乎所有的感知价值都不是来自于酒本身，而是来自这个名字的古老声誉，以及它与奢侈生活和庆典的联系。

话虽如此，如果能证明我是错的，我还是会很高兴。我曾经品尝过一些非常出色的陈年香槟和高档的特酿。其中许多酒的价格高达四位数（我并没有付钱），所以作为日常饮品来说非常不切实际，而且即使是在最特殊的场合，这个价格通常也会超出大多数人的预算。让我们面对现实吧，世界上没有哪种饮料能单凭液体证书就值 1000 英镑 /1400 美元的价格，所以您是在为酒瓶的稀有性和喝到它后享有的吹嘘权利买单。

简而言之：所有的香槟都标价过高，但只有真正标价过高的香槟才有好的味道。如果我们能花比买香槟更少的钱做出口感“非常好”的香槟，那难道不是很棒吗？

我品尝过的最好的香槟往往是托卡拉白中白（blanc de blanc）（用霞多丽葡萄酿造），在瓶中至少陈化 10 年。（对于葡萄酒而言）在玻璃杯中浸渍的时间如此之长，会让液体展开并分解成更深、更复杂的东西。这种效果不容易模拟。

第一步是了解优质香槟的味道，以及它与廉价葡萄酒的区别。为了鉴别这些昂贵葡萄酒的味道和香气，我原本打算花几千美元买几瓶好酒，办一个相当不错的派对。不过我妻子劝我不要这么做（我永远都不会原谅她），所以我决定直接问一位品酒师如何定义好酒。但后来我突然想到，为什么只问一个人呢？

为了做到这一点，我求助于被称为互联网的庞大知识库。在线葡萄酒社区发布了数千份品酒记录，他们免费提供了我需要的数据，让我找到最好年份香槟的共同特点。我把每个品酒笔记按单个词汇和出现的次数分类，然后找到了有用的口味和风味描述词，首先是“烤的”和“咸口的”，然后是“新鲜的”“饱满的”“丰富的”“柠檬味的”“涩的”“草药味的”“面包的”和“酵母的”。用这些口味描述词作为目标口味，我就可以调制我的说谎者香槟了。

我用勃艮第白葡萄酒作为基酒，它由 100% 霞多丽葡萄酿制而成。具体来说，我选的是一种未经橡木陈化的夏布利葡萄酒（unaked Chablis），它为我的葡萄酒提供了新鲜和柠檬的基调。您应该能以低于 10 英镑的价格买到夏布利葡萄酒。为了获得吐司和面包的风味，我想在酒里加入一点荷氏金酒，尝起来就像吐司和面包。用阿蒙提拉多雪莉酒（amontillado sherry）调味后，会有更浓郁的吐司口感，丰富紧实，酵母味十足。淡淡的查特绿香甜酒会带来草药的味道。

Fino
ALFONSO
Oloroso
DEL DUQUE
30

SHERRY COBBLER

雪莉寇伯乐

60 毫升干欧罗索雪莉酒、15 毫升糖浆

15 毫升新鲜西柚汁（如果喜欢也可以用苹果、橘子或菠萝）

6 颗新鲜覆盆子或黑莓

在平底玻璃杯或古典杯中加入碎冰及所有配料。充分搅拌，加入更多的碎冰。用薄荷枝装饰，配上纸吸管。

寇伯乐是美国调酒铁器时代一个古老的鸡尾酒家族，最初是以葡萄酒为基酒，与水果、糖和一些柑橘混合而成。如果您愿意，单点一份潘趣酒。什么酒都可以，但雪莉酒是最好的。当配上新鲜的水果、冰块和一点点甜味时，优质欧罗索的坚果风味会让人纯粹上瘾。这些饮品调制起来相对便宜，而且搭配起来超级简单，它们竟然没有出现在更多的鸡尾酒菜单上，真是不可思议。

现在，如果仅仅是这杯饮料的美味使它与众不同，我也就不用继续加以描述了。但寇伯乐的历史和影响要深远得多。

第一批寇伯乐出现在 19 世纪早期的美国，大约在 1810 年到 1830 年之间，与薄荷茱莉普（Mint Julep）的发明时间大致相同。寇伯乐与薄荷茱莉普的发明密切相关。事实上，寇伯乐首次书面记载是在 1838 年，就在同年，肯塔基赛马会（Kentucky Derby）上出现了第一杯薄荷茱莉普。寇伯乐同茱莉普一样，通常都是用碎冰做的。这种方法能让酒很快变凉，也就是说您可以不用摇晃，只要您喜欢，直接倒入杯子即可。

然而，鸡尾酒中的碎冰会出现一两个问题，比如当您举杯喝酒时，碎冰会像瀑布一样倾泻在您的脸上。当您把新鲜水果混在里面（如同调制寇伯乐）时，问题就更复杂了，果汁像大颗大颗的果味眼泪一样从您的脸颊流下来。薄荷茱莉普通过朱利普滤冰器解决了这个问题。朱利普滤冰器是一种安装在上酒容器上的筛子（现在很多调酒师都用它过滤搅拌过的鸡尾酒），早期的寇伯乐也用这种方式上酒。当然，更整洁卫生的解决方案是使用吸管，但问题是，当时吸管还没有被发明出来。

嗯，这并不完全正确。已知的第一个酒精消费象形图来自古苏美尔，画的是狂欢者把吸管塞进一大罐啤酒里喝酒。在 19 世纪，用黑麦草制成的吸管开始流行起来，但它们有可能溶解成糊状。金属吸管和用管状意面制成的吸管（是的，确实）也存在，但商业化生产吸管直到 19 世纪 80 年代才开始出现。马文·史东（Marvin Stone）的第一个纸饮吸管专利是用涂有蜡的纸卷起来制成的。如果您是一个寇伯乐爱好者，考虑到寇伯乐是 19 世纪 80 年代美国最受欢迎的鸡尾酒之一，您可能会认为寇伯乐吸管是最伟大的奇迹，能够与之相提并论的是 40 年后切片面包的发明。

然而，有些调酒师更喜欢摇寇伯乐，这就是杰里·托马斯在《如何调酒：品酒人的随身指南》（*Bar-Tender's Guide*，1862）中提出的方法。当时，寇伯乐是唯一一种需要费心摇晃的鸡尾酒。鸡尾酒摇酒壶直到 1872 年才出现，当时纽约布鲁克林区的威廉·哈内特（William Harnett）为他的调酒器具申请了专利。然而，哈内特的摇酒壶过度设计，由六个安装在柱塞系统上的盖子组成，令人苦不堪言。12 年后，同样来自布鲁克林区的爱德华·豪克（Edward Hauck）为我们熟知并喜爱的三件式摇酒壶申请了专利，这款摇酒壶后来被广泛称为寇伯乐摇酒壶。

BLENDED SHERRY SLUSHY

混合雪莉冰沙

700 毫升缇欧佩佩菲诺雪莉酒、60 毫升 PX 雪莉酒
100 毫升石榴汁、10 毫升玫瑰露

把所有的雪莉酒都放进冰块模具里冷冻（或者倒入塑料容器里，冷冻后可以把冰块分开）。将冰冻的雪莉酒和所有其他材料加入搅拌机，以最快的速度搅拌，直到它形成一种黏稠的泥状质地。立即上桌，用柠檬做装饰。

雪莉酒非常贴合我意，也特别贴近我的胃（因为通常它都在我的胃里）。部分原因是因为我在伦敦与人合伙开了一间叫赛克的雪莉酒酒吧，是以西班牙南部（干）葡萄酒的前英国术语命名的，还有部分原因是雪莉酒实属美味，我必须开一家雪莉酒吧（它是小事一桩）。雪莉酒要在橡木桶中强化和陈酿，所以它比其他葡萄酒更接近烈酒。再加上它与苏格兰威士忌行业的长期合作关系，您就拥有了一种自称调酒师的人都应该特别感兴趣的酒。

为何我们不多喝点雪莉酒呢？嗯，我们已经喝了很多。很久以前，以赫雷斯德拉弗朗特拉镇为中心的西班牙雪莉酒产区的葡萄酒与法国任何一个葡萄酒产区均受到高度重视。但在 20 世纪后半叶，人们对雪莉酒的态度变得粗暴无情，因为消费者青睐于更甜、更便宜的混合酒，扭曲了雪莉酒的味道和声誉。

幸运的是，真正的雪莉酒现在越来越流行。但雪莉酒如果想再次引领潮流，仍然需要一些外援。它本身的味道很好，但您依然能把它和其他很棒的饮品混在一起，做出一款很棒的饮品，比如我的雪莉冰沙。

在我们讨论这个问题之前，让我们先来讨论一下温度。不同风格的雪莉酒应该在不同的温度下饮用，通常年份较长的和非生物陈年的欧罗索更需要稍高一些的温度。然而，用 F1 或酵母陈酿的特干葡萄酒，如菲诺（fino）和曼萨尼亚（manzanilla），应该尽可能地保持低温。过度冷却这些葡萄酒彰显了它们的主体结构，增加了盐度，帮助液体以惊人的速度入口。

酒吧开业一年后，我们在赛克酒吧里装了一台冰沙机。我知道这些机器通常不会要求精心的风味平衡和精确的原料出处，但它的理念就在于此，就是要以尽可能不沉闷的方式提供饮料，来挑战人们对乏味类型饮料先入为主的看法。

雪莉冰沙更多的是一种概念，而不是一种需要严格遵守的配方。唯一的规则是，您必须使用菲诺雪莉酒和一些水果或草药添加剂。就后者而言，我会避免使用柑橘类，因为它太酸了，可以考虑石榴、覆盆子、草莓、黑醋栗和蔓越莓等水果。浆果的味道会与帕洛米诺葡萄的特点很好地结合在一起。

如果你想把酒稍微加强一点，也可以在里面放一点烈酒——我发现金酒、农业朗姆酒（agricole）和布兰可（blanco）龙舌兰酒都不错，但对我来说，这是一款会议鸡尾酒，酒精度应该保持在相对较低的水平。我还选择了佩德罗－希梅内斯（Pedro Ximenez）雪莉酒（一种带有干果风味的甜味雪莉酒），所以不需要加糖。

现在，我意识到大多数酒吧和家庭没有冰沙机，所以上面的酒谱是为搅拌机准备的。使用搅拌机的缺点是需要做一些准备工作，因为普通的（水）冰块会过度稀释饮料。解决方案是什么？当然要做雪莉冰沙了！

SANGRIA

桑格利亚汽酒

750 毫升丹魄干红葡萄酒、100 毫升覆盆子金酒

150 毫升新鲜柠檬汁、75 毫升糖浆

将所有材料加入一个大罐子，加入大量冰块搅拌。用柑橘类水果片装饰。

桑格利亚汽酒是一种只有在合适的时间和地点才能发挥作用的酒。除非您坐在西班牙的泳池边，否则您不会想到点这类饮品，但它可以便捷地为您提供每天需要摄入的大部分热量。许多饮料唤起人们对一个地方的感觉，无论他们身在何处，何时饮用。也有一些饮品确实需要在特定的地方才能真正享用。桑格利亚汽酒属于后者。它是与朋友度过慵懒下午的饮品，佐以咸味小吃，这会让人觉得再也没有味道更好的葡萄酒了。

桑格利亚汽酒基本上是一种以红葡萄酒和白兰地或朗姆酒为基酒的潘趣酒。在伊比利亚半岛以外的地方，您会发现很多这样的饮料，但如果您认为它一直都是这样的，那就错了。自 17 世纪开始，欧洲就已经流行葡萄酒潘趣酒，其根源在于 15 世纪欧洲黑暗时代出现的希波克拉底葡萄酒（Hippocratic wines）（或称希波克拉底酒），大约与生命之水（aqua vitae）首次出现在欧洲的时间相同。

这里提供一个简单的技巧：拿质地一般的葡萄酒，加入香草、香料、水果、糖，或者更多的酒，得到的酒就比您开始喝的味道更好，而且会让您很快喝醉（这是任意一种 15 世纪饮料的基本特征）。

有些人开始制造廉价劣质酒，并竭力效仿法国大葡萄酒酒庄酿制的葡萄酒，要了解相关情况，可以读一读这方面的小册子，例如《制作 23 种葡萄酒的简易新方法》《法国从 1701 年开始》和约翰·亚沃斯（John Yarworth）关于 1690 年以来人造葡萄酒的新论文。也有些人致力于制作以葡萄酒为核心的精致的潘趣酒。

我们讨论的葡萄酒种类繁多，从波特酒（port）到雷司令葡萄酒（Riesling），应有尽有。皇家宾治（Punch Royal）由莱茵葡萄酒、柠檬汁、生姜、肉桂、肉豆蔻、白兰地、麝香和龙涎香（一种芳香浓郁的蜡状物质，产自抹香鲸的消化系统）组成。红宝石潘趣酒出现在《牛津睡前饮料》（*Oxford Nightcaps*，1827）中，是波特酒、柠檬汁、朗姆酒和茶的混合物。

当然，如果您住在西班牙，就很少会用到温热的冬季香料，代替的是水果，或许是一些新鲜的香草，剩下的就是桑格利亚汽酒了。桑格利亚汽酒的发明时间不得而知（人们认为这个名字来自西班牙语单词“sangue”，意为“血液”），它很可能是由更广泛的欧洲流行的葡萄潘趣酒趋势中有机地演变而来。某一天它不在那里，第二天它在那里，似乎不会有人注意到有什么变化。

由于我们不知谁是发明者，所以实际上也没有桑格利亚汽酒的配方。红酒是必要的，然后是柑橘汁、一些糖、一些白兰地或其他烈酒，再加上任何其他适合您个人喜好的水果和香草。

在我的酒谱中，我喜欢用覆盆子浸透的金酒来强化西班牙丹魄葡萄酒的红色水果风味。丹魄葡萄酒选择的是用来酿造里奥哈（Rioja）的葡萄。然后我会使用纯柠檬汁（不加橙汁），加上糖和冰。您可以很容易地将新鲜的覆盆子倒入一瓶金酒中（在温暖的地方放一周），或者买一个品牌的覆盆子金酒。

CLARET

干红葡萄酒

60 毫升晚装瓶波特酒、20 毫升血橙汁、5 毫升 /1 茶匙柠檬酸溶液
10 毫升丁香车叶草糖浆、15 毫升血

将所有材料加入装满冰块的鸡尾酒摇酒壶中。摇晃 10 秒钟，滤掉饮料中的冰块。不加冰，再摇 10 秒钟。倒入冰镇过的尼克诺拉（Nick & Nora）杯。

我就直说了：这种鸡尾酒里加了血。是的，这可能是一个小伎俩。是的，这听起来确实有点令人不快。但请耐心听我娓娓道来。

世界各地都有吸血文化，从墨西哥的血煎蛋到越南的吸血仪式。尽管黑布丁在英国、爱尔兰和欧洲部分地区很流行，但英国人对它的厌恶程度却超过了世界其他地方。我承认，吸食另一种生物的血液是一种令人不舒服的原始行为。毫无疑问，任何含血的饮料都不适合素食主义者，但是大多数人都是摇摆不定的食肉动物，让我来问问您：既然您要吃肉，为什么不吃整个动物呢？

血液的神奇之处在于，它的白蛋白含量很高。白蛋白与我们在蛋清中发现的蛋白质相同，有了白蛋白，我们就可以制作奶油冻、蛋白糖饼，当然还有通常需要泡沫的各种酸味鸡尾酒。蛋清和血液都含有大致相同的蛋白质含量，所以您可以在任何食谱中把鸡蛋换成血。这也说明血有利于起泡和乳化。

但除此之外，我们在血液中发现了蛋白质血清白蛋白，在鸡蛋中发现了卵白蛋白。据估计，欧洲有 2.5% 的人对白蛋白过敏，但这种过敏是针对卵白蛋白，而不是血液中的白蛋白。如果您对鸡蛋过敏，又一直渴望享受一种真正酸味鸡尾酒的精致口感，血液可能是您最好的选择！

在这款酸味鸡尾酒中，我可以用血液代替通常的蛋清成分，产生我所需的泡沫，就像我在其他酸味鸡尾酒中看到的一样，而且还会有一种深红色的色调。唯一的问题是血液中的血红蛋白，正是它产生了那种尖锐的、金属般的，坦白地说，可怕的味道。因此，鸡尾酒中的其他成分将协同工作，淡化那种味道。

虽然在这款酒中加入红葡萄酒很诱人，但我打算用血（好吧，实际上是法国猪血），再配上一款不错的晚装瓶波特酒。波特酒将带来一些浓郁的烟草味，以及浓郁的干红味道和深色，还有水果的特色。

对于柑橘成分，必须是血橙汁——因为它的名字和它的颜色，最重要的则是它美妙的酸味。现在，您可以简单地用糖浆来增加甜味，但我选择用丁香和一种叫车叶草的芳香草本植物制成的糖浆。2013 年，北欧食品实验室花了三个月的时间测试各种血腥配方时，丁香和车叶草被选为味道较好的两种搭配材料。

但在这里发挥作用的不仅仅是血。丁香与橙色完美搭配（想想节日的霸克菲士），但它也会放大皮革和葡萄的特性。另外，德国的桑格利亚汽酒（Sangria May Wine）——五月酒——传统上是用车叶草酿造的，以德国白葡萄酒为基酒，配上糖、白兰地和新鲜水果。所以您可以看到，所有这些成分之间有一种自然的协同作用，而真正让它们结合起来的是血液。

丁香车叶草糖浆

500 毫升水、500 克糖

20 克干车叶草叶或 120 克新鲜车叶草叶、10 克整个丁香

把所有的材料放在一个真空袋或自封袋里，然后放入 55℃的水浴中浸渍 4 小时。趁热，用平纹细布 / 粗棉布过滤。在冰箱里保存可长达 1 个月。

AMERICANO

美国佬

25 毫升金巴利、25 毫升好奇都灵印象味美思
75 毫升苏打水

将金巴利和味美思倒入加了冰块的冰镇高球杯里。充分搅拌 1 分钟，然后根据需要加满苏打水（我推荐 75~100 毫升），再稍微搅拌一下，用一块橘子装饰。

意大利饮食文化的丰富性和多样性可以部分归因于这样一个事实：直到 19 世纪 60 年代，意大利还是由各个交战的国家组成。每个地区都有自己的烹饪和饮酒仪式，产品的制造在本质上都是规模非常小的手工模式。1861 年意大利王国成立后，这种情况才开始发生变化，当时的产量增加，新商业化的产品遍布全国。

其中一种产品就是味美思。在大约 100 年的时间里，味美思的生产集中在前萨伏依王国的首都都灵。这种酒在 18 世纪中叶从德国传入，味道稍浓、略苦、略带草本味道，在那里被称为 Wermut（艾草，一种给酒调味的苦草本植物）。

随着意大利北部快速工业化，意大利的味美思在意大利统一后仅几年就登陆了美国海岸。马提尼罗拉西雅公司（Martini Sola & Cia）、卡帕诺（Carpano）和科垃（Cora）等品牌将意大利的浪漫文化引入了美国市场，这种饮料很快成为新鸡尾酒革命的宠儿。1868 年，它只与苦精混合，被纽约德尔莫尼科（Delmonico）餐厅命名为味美思鸡尾酒。但随着时间的推移，味美思将作为配角在美国鸡尾酒历史上留下其永久的印记。

与此同时，意大利的酒类制造商也听说了这些所谓的鸡尾酒，并认为他们可以尝试一下。味美思那部分不成问题，所以现在只是要找一些苦精。事实上，几个世纪以来，药剂师和僧侣们一直在制作阿玛罗（amaro）（意大利语中是“苦”的意思）作为药用，但是直到工业化时代，人们才看到了熟悉的品牌名称，如雅凡纳（Averna）、金巴利（Campari）、菲奈特布兰卡（Fernet-Branca）和阿玛卓（Ramazzotti）。

美国苦精是一种调味品，而意大利苦精本身就是一种饮品，往往苦味更小，甜度更高。将苦涩的阿玛罗与意大利味美思搭配起来，调制出一款美式鸡尾酒，并不需要太多的想象力。就这样，美国佬诞生了。

最早的美国佬鸡尾酒是瓶装的，由勤劳的味美思和阿玛罗酒酿造商生产，他们甚至在标签上印上了美国国旗。后来，到了 20 世纪初，由于人们对用哪种味美思或阿玛罗酒装满酒杯、是加冰还是加苏打的要求越来越挑剔，人们对基本配方进行了定制。所有这些实验性的调酒方法在 1919 年尼格罗尼问世时达到了顶峰，当时金酒跻身鸡尾酒的配料行列。

鉴于所有这些变化，最好把美国佬看作一个概念，而不是一个死板的公式。在当代的酒谱中，意大利味美思和阿玛罗酒等量，配上冰块和苏打水，长时间上酒。当您看到今天美国佬的主要功能——开胃酒——这就说得通了。

味美思和阿玛罗太甜了，不适合餐前饮用，但将它们冷藏、稀释和碳酸化后就能直接缓解甜味。幸运的是，阿马玛的苦味很顽强，足以经受住一些水的淡化，最后您所剩下的是一些，嗯……完美的鸡尾酒。

AMERICANO IN BOTTIGLIA

瓶装美国佬

150 毫升金巴利、150 毫升好奇都灵印象味美思

200 毫升冷压咖啡、400 毫升矿泉水

可调制 6 瓶 150 毫升 / 瓶的鸡尾酒

在大瓶子里混合这些材料，然后把它们放进冰箱，直至液体快要结冰为止。同时冷藏一些瓶子。一旦温度降到最低，就把液体分装进每一个瓶子里，再分别倒入碳酸盐（见第 83~88 页）。把密封好的瓶子放在冰箱里，直接从瓶子或者从冰镇的高球杯中享用。不需要加冰。

我非常喜欢瓶装鸡尾酒，尤其是碳酸化过的。这种单杯装的鸡尾酒很特别，它有多重味道，也有很多气泡。含碳酸成分的高球鸡尾酒是我最喜欢的鸡尾酒之一，但我有时难免希望它们的气泡能更多一点。问题是，当您把烈酒和利口酒与苏打水混合在一起的时候，您同时也把不含碳酸的成分和碳酸混合在一起，从而稀释了气泡。装瓶和碳酸化鸡尾酒的所有成分，就能克服这个问题。

尽管这可能很聪明，但是将 3 种现成的原料进行碳酸化处理并非现代调酒技术的缩影。所以，为了让这款酒更有趣，我要在我的美式鸡尾酒里加点小花样。您能猜到是什么吗？就是美国佬。

如果您曾经在意大利以外的酒吧点美国佬，那么您很有可能必须在下单后说："鸡尾酒，不是咖啡。"咖啡饮料（由浓咖啡和热水组成）得名类似于鸡尾酒。第二次世界大战期间，在意大利服役的美国士兵发现意大利浓缩咖啡对他们的口味来说太浓了。他们要求将咖啡加水稀释，模仿他们在家里喝的过滤咖啡。意大利人认为这种做法很有趣（浓缩咖啡兑水？！）（acqua al nostro espresso?!）并将其命名为"美式咖啡"。

我不喜欢美式咖啡，我认为美式咖啡和美味的长杯黑咖啡相比，是一种拙劣的替代方案。意式浓缩咖啡是一种非常特殊的冲泡浓咖啡的方法，它可以很好地与深焙混合咖啡搭配，短冲效果很好。加水进去，就会失去很多魅力。另外，黑色过滤咖啡是用单品咖啡长时间煮出来的，而且通常烘焙程度较轻，所以往往能做出一杯更好的咖啡，——我们也要感谢美国军方。

我想说的是，将美式咖啡和美国佬结合起来并不只是为了新奇。第一台蒸汽驱动的意式浓缩咖啡机是由安吉洛·莫里翁多（Angelo Moriondo）在19世纪80年代发明的，并于1884年在都灵博览会上展出。后来为现代机器铺平道路的设计来自帕沃尼（Pavoni)、加吉亚（Gaggia)和飞马（Faema）等品牌，这些品牌都源于米兰。就像美国佬鸡尾酒一样，意式浓缩咖啡也诞生于这两个进步的城市。

对于我的瓶装美国佬，我要用爱乐压（Aeropress）来加热并冲泡咖啡，然后冷却，在碳酸化之前将它与金巴利和味美思混合。您可以用冷萃咖啡来完成这一步骤，但是冷萃咖啡往往缺乏酸度，我觉得酸度会让这款饮料散发出味美思的酒香。对于碳酸化阶段，可以使用气泡水机、iSi打发器（iSi whipper）或全功能碳酸化装置（见第83~88页），压力设置为42磅/平方英尺（PSI）。至于爱乐压咖啡（其他纸过滤的冲泡方法也可以），

您需要 16 克轻烤咖啡和 240 克接近沸腾的水。将咖啡粗磨后加入爱乐压。加满水，30 秒后搅拌均匀。再煮 2 分钟，然后轻轻将液体压过过滤器，让它冷却。该配方可以煮出大约 210 克的咖啡。

购买指南
BUYING GUIDE

白兰地 BRANDY

轩尼诗（Hennessy）

最出名的干邑，它名副其实。包含不同年份轩尼诗的列表可以揭示一份完整的预算。在我看来，选择特选干邑白兰地（Fine de Cognac）和 X.O 不会错。物有所值。

拉迪亚布拉达皮斯科（La Diablada Pisco）

一个非常鲜为人知的类别，值得探索。我喜欢拉迪亚布拉达，因为它综合了芳香的葡萄酒前调和油性葡萄的深度。

莱尔德氏（Laird's）

说到苹果白兰地，选择似乎比较有限。幸运的是，这并不太重要，因为像莱尔德氏（Laird 's）这样的品牌尝起来总是特别美味。

伏特加 VODKA

雪树（Belvedere）

波兰雪树（Belvedere）出品世界上最好的伏特加，雪树是其旗舰品牌，以黑麦为基酒，该系列的所有酒都有一种令人愉悦的胡椒香料，在混合饮品中散发出浓郁的味道。

骑士（Chase）

骑士土豆伏特加（Chase Potato vodka）名字听起来并不坏，但是品尝一下就知道，它的味道绝对很棒。最近在英国出现了很多手工酿酒厂，骑士是其中较早成立的一家，成立之后就成了行业标杆。在它的伏特加中或许能找到黄油土豆泥的特色。

维斯塔尔（Vestal）

另一个波兰品牌，但这一次来自单一的庄园，并装上了年份酒。这是威利·博雷尔（Willy Borrell）旗下的品牌，引领着具有个性的伏特加。

金酒 GIN

波多贝洛路（Portobello Road）

这个经典品牌反映了瓶中酒的特色：多汁的杜松，微妙的香料和新鲜的草药活力。

希普史密斯（Sipsmith）

这是一种产于伦敦的干金酒，带有浓烈的杜松子香气，未加任何中性烈酒。这种酒比您想象的要罕见，但是很成功。

添加利（Tanqueray）

现在世界上大约有100万个金酒品牌（好吧，有点夸张，但确实有很多），良莠不齐。添加利是金酒世界最可靠的支柱之一，它的经典杜松子风味仅由四种植物成分组成。

威士忌 WHISKY

布莱特波本威士忌／黑麦威士忌（Bulleit Bourbon/Rye）

布莱特威士忌那烧瓶风格的时尚酒瓶已经存在了几个世纪，为该品牌赋予了独特的外观。但并不能摆脱这样一个事实：这是一款美味的波本威士忌，黑麦含量高的，增加了鸡尾酒的香料味和绵长度。

克莱嘉赫（Craigellachie）

这款斯佩塞（Speyside）麦芽威士忌是我最喜欢混合的威士忌之一。它具有热带水果的特点，以及丰富的肉质，这在鸡尾酒中非常突出，而且它本身就是一种非常好的饮品。

帝王混合威士忌（Dewar's Blended whisky）生来就是用来混酒的，很少有混合酒能像帝王那样具有多功能性，它体现了苏格兰著名的所有美妙的蜂蜜麦片和柔软的核果的品质。

龙舌兰和梅斯卡尔 TEQUILA & MEZCAL

唐胡里奥（Don Julio）

龙舌兰酒种类繁多，我认为唐胡里奥龙舌兰系列成功地体现了未陈年（blanco）酒的胡椒和盐度，微陈（reposado）酒的炖苹果香味，陈年（añejo）酒的绿色番茄香味。

奥乔（Ocho）

龙舌兰酒最知名的品牌之一托马斯·埃斯蒂斯（Tomas Estes）的品牌。一些极佳的单一产地产品，突出了龙舌兰的收割方式。

石头圣人（Santo de Piedra）

这款龙舌兰有大量的核果味，与大多数龙舌兰相比，它与更微妙的烟熏特征相得益彰。看起来也不错。

设备及其供应商
EQUIPMENT & SUPPLIERS

通用设备和玻璃器皿
GENERAL EQUIPMENT &GLASSWARE

鸡尾酒王国

优质酒吧设备供应商：Yarai 调酒杯、Gallone 调酒杯，各种各样的寇伯乐和巴黎人摇酒壶、量酒器、过滤器和工具包。重印的鸡尾酒专著也是非常好的。

www.cocktailkingdom.com

饮料店

通用玻璃器皿和鸡尾酒设备：苦艾酒“喷泉”，大量的玻璃器皿和基本设备可供选择。

www.drinkshop.com

易贝网（eBay）

提到网站似乎有点奇怪，但我经常对在易贝上的便宜货印象深刻，尤其是可以买到那些昂贵机器的奇怪替换部件。

www.ebay.co.uk/.com

福腾宝（WMF）提供可靠的德国厨房设备

压力锅、平底锅、餐具。

www.wmf.com

飞世尔科技（Fisher Scientific）（英国）

实验室设备及配件一站式商店。

www.fisher.co.uk

厨师之路（美国）

真空低温烹调、手持式喷烟器、磅秤和温度计。

store.chefsteps.com

特殊配料 SPECIALIST INGREDIENTS

MSK 原料

包括大量的自有品牌粉末香精、胶凝剂和乳化剂。

www.msk-ingredients.com

沏成的饮料：4 名大厨

提供专业的配料、设备和服务。供应 Texturas、Mugaritz、Lyo 和 Sosa 系列产品。

www.infusions4chefs.co.uk

奶油供应（英国）

分子料理配料。美食创新和卡里斯（Kalys）品牌产品。

www.creamsupplies.co.uk

BrewUK（英国）

自制啤酒供应商：消毒剂、容器、过滤器、酵母、原料、瓶子。

www.brewuk.co.uk

巫术商店（英国）

意想不到的供应商，大量供应优质干草药、香料、花、根和树皮（包括金鸡纳树皮）。

www.witchcraftshop.co.uk

鲍德温（英国）

原料、酊剂和冲剂的长期供应商。

www.baldwins.co.uk

现代主义食品储藏室（美国）

供应适合多种用途的全系列现代主义配料。

www.modernistpantry.com

特拉香料公司（美国）

拥有大量的干果和香料，以及专用的于现代主义应用的原料和粉末。

www.terraspice.com

特殊工具 SPECIALIST EQUIPMENT

亚马逊

虽然我鼓励您尽可能把钱花在小规模的独立商店，但亚马逊几乎每天都有能力储备 / 采购任何材料，这让我感到惊讶。

www.amazon.co.uk/.com

厨房帮手

经典的食品搅拌机。适用于制作冰淇淋，冰糕和乳剂。

www.kitchenaid.com

布奇（Buchi）

最初的原装旋转蒸发器制造商，并且供应冷水机和真空泵，还有很多其他的专业实验室设备。

www.buchi.com

美善品（Thermomix）

多功能食品搅拌机，用于混合、乳化、浸泡、加热等。

www.thermomix.com

波利赛斯（Polyscience）

高端专业厨房技术：供应真空烹调设备、食品熏制机、旋转蒸发器。

www.polyscience.com

奶油用品（英国）

供应分子料理小工具，如奶油搅拌器、苏打虹吸管、实验室调酒杯、秤、烟枪，磁力搅拌器、真空烹饪设备以及其他物品。

www.creamsupplies.co.uk

塑料包装袋（英国）

多种类型袋子的一家高性价比供应商，可供应各种真空袋。

www.polybags.co.uk

厨房用品（英国）

食品料理机（冰淇淋和冰糕搅拌机）、真空烹饪设备、烟枪和超级袋子（用于过滤）的供应商。

www.cheftools.co.uk

术语表
GLOSSARY

吸收（Absorption）：一种固体、液体或气体被另一种固体、液体或气体“吸收”的过程。

丙酮（Acetone）：在发酵过程中产生的一种香味酮。

酸性磷酸盐（Acid Phosphate）：一种传统的磷酸和镁、钾、钙矿物盐的混合物，在 20 世纪初的美国，常用作苏打酸化剂。

吸附（Adsorption）：微粒在表面上的吸附附着力。木炭过滤的主要机理。

琼脂（Agar）：从红海藻中提取的琼脂胶凝剂（水胶体）。用于制造耐热凝胶和澄清。典型用量：0.5% ~2%。

龙舌兰（Agave）：一种厚实的纤维状的植物，其核心部分（或菠萝纤维）可以煮熟用来酿制龙舌兰酒。

清蛋白（Albumin）：蛋清蛋白，用于稳定泡沫、空气和在鸡尾酒中代替蛋清。使用前一定要用水混合。

雾化（Atomise）：通常针对玻璃器皿或饮料表面的喷雾或喷洒的香气。

巴（Bar）：（测量）空气压力，等于 14.5 磅 / 平方英寸，1000 毫巴。

植物性药材（Botanical）：在蒸馏过程中用来给金酒调味的植物果实、药草、花或香料。

白利度：糖度溶液、糖浆、产品或输液中糖的含量。白利度 50 相当于产品含糖占总重量的 50%。

表面硬化：在脱水过程中，产品外表面干燥的现象，减缓了水分从产品内部迁移的速度（见第 55 页）。

柠檬酸：存在于柠檬和其他柑橘类水果中的酸（见第 41 页）。

柱式蒸馏器：是一种大型蒸馏装置，可将洗涤液精馏成 < 96% 的酒精。偶尔在连续蒸馏过程中使用蒸汽和气泡板。

连续式蒸馏器：见柱式蒸馏器词条。

分离（酒精生产）：为了提高蒸馏液的质量，保持较高的酒精度（ABV）而分离馏出物的行为。

蒸馏：根据沸点从混合物中分离酒精和 / 或其他挥发性化合物的过程。通过热量和气压控制。

干冰：固态的二氧化碳（CO_2）。温度约为 –79 ℃。升华为气体，具有多种用途（见第 91 页）。

乙醇（酒精）：在所有烈性酒和利口酒中发现的无色无味酒精。沸点为 78.3 ℃，冰点为 –114℃。

乳剂：不透明的、稳定的水和脂肪的混合物。

发酵：通过微生物将碳水化合物转化为酒精（乙醇）/ 有机酸、热量和二氧化碳的过程。

果糖：来源于水果的糖，大约比蔗糖甜 1.6 倍。

杂醇油：发酵过程中产生的重质（高沸点）醇的通用名称，能给蒸馏增添特有的深沉风味。

明胶：以胶原质为基础的胶凝剂，通常取自鱼皮或猪皮。检查花的强度，并根据您想要的纹理进行调整。

结冷胶：结冷碳水化合物为基础的胶凝剂。非常适合制作液态凝胶和脆性凝胶。分为两类：低酰基和高酰基。

葡萄糖：单糖，甜度大约是蔗糖的 0.6 倍。

阿拉伯树胶：从阿拉伯金合欢树的汁液中提取。适用于水包油乳剂，如软饮料中的乳剂，还可以降低表面张力，改善软饮料中的气泡。

比热容：将 1 克冰转化为 1 克水所需的热量（焦耳），也适用于其他元素和化合物（见第 25 页）。

酮：有机的，通常是提供风味的化合物。

康普茶：发酵甜茶

卵磷脂：在蛋黄中发现的以磷脂为基础的乳化剂。用于制造空气和泡沫，并在水溶液中稳定脂肪。通常用量为 0.1%~1%。通常可提供无品牌或 Texturas 系列中的分子美食。

木质素：存在于植物和木材中的化合物，构成植物次生细胞结构的一部分。木材被烧焦或燃烧时会产生大量芳香化合物，同时也在木桶陈化过程中发挥重要作用（见第 76 页）。

液氮（LN_2）：液态氮，温度约为 –196℃，广泛应用于各种冷却应用（见第 72 页）。

苹果酸：青苹果中普遍存在的酸。比柠檬酸更酸，味道更浓。

甲醇：在发酵过程中产生的少量挥发性轻醇。大量食用时有毒。

氮：见液氮词条。

氮空化：描述了液体中氮气气泡的突然和剧烈的起泡现象。用于加快浸渍时间（见第 47~50 页）。

一氧化二氮（N_2O）：用于给奶油搅拌器加压的气体。

成核位置：溶解在气态液体中气泡的局部形成，例如，在香槟酒杯的内部出现的气泡。

罐式蒸馏器：传统的壶式蒸馏器。

旋转蒸发器（rotavap）：低压蒸馏装置。促进液体在低温（< 40℃）下的蒸馏，可以浓缩和保存对温度敏感的成分。

盐度：盐在液体、溶液或产品中所占的比例。

灌木：在醋或酒精保存水果。一种将香味注入醋中用于鸡尾酒调制的方法。

真空低温烹饪法：将原料密封在塑料袋中，在水浴中加热 / 烹饪原料的一种方法，对酒精和非酒精输液中芳香剂的浓度控制很有帮助。

比热：将 1 克物质升高 1℃所需要的热量（焦耳）。

升华：物质从固态直接变成气态（跳过液相）——在干冰中最为明显。

蔗糖：一种由果糖分子与葡萄糖分子结合而成的单糖。通常从甘蔗或甜菜提取。

糖浆（2：1）：制作约 1 升的糖浆，需要取 660 克蔗糖，加入 264 克水和 66 克伏特加，慢慢加热。一旦所有的糖都溶解了，装在瓶子里，然后放入冰箱，保存可长达 6 个月。

酒石酸：葡萄酸。酸涩且短暂。

香草糖浆：制作时，纵向切开整个香草豆荚，刮去籽，用 300 克细砂糖和 150 毫升水慢慢加热（可以熬出大约 450 毫升糖浆）。

挥发性（香气）：具有高蒸气压的芳香分子，会迅速蒸发或升华到周围空气中。

黄原胶：经孢菌发酵产生的多糖。适用于不需要加热的胶凝和稠化液体。

致谢
ACKNOWLEDGMENTS

同以往一样，我最要感谢的是我的家人［劳拉（Laura）、德克斯特（Dexter）、罗宾（Robin）］，他们允许我把自己关在一间满是酒精的黑屋子里六个月。

感谢艾迪（Addie）、沙丽（Sari）和麦特（Matt）帮助使这本书中的饮料看起来很棒。感谢内森（Nathan）让这本书中的句子变得非常有意义。再次感谢 RPS 等所有团队的成员，感谢他们对我的莫大信任。他们是：辛迪（Cindy）、大卫（David）、杰夫（Geoff）、茱莉亚（Julia）、莱斯利（Leslie）和崔西（Trish）。

我还想感谢以下诸人。他们有自己的想法，为我的书贡献了历史趣闻，或者只是请我喝一杯，我喝酒时同坐在一起：T. 阿斯克（T. Aske）、J. 伯格（J.Burger）、S. 卡拉贝丝（S.Calabrese）、F. 坎贝尔（F.Campbell）、R. 切蒂亚瓦达纳（R. Chetiyawardana）、A. 德迪安珂（A. Dedianko）、J. 福勒（J. Fowler）、A. 弗朗西斯（A. Francis）、I. 格里芬（I. Griffi ths）、D. 霍尔丹（D. Haldane）、C. 哈珀（C. Harper）、M. 赫尔姆（M. Helm）、E. 霍尔克罗夫特（E. Holcroft）、J. 克鲁格（J. Kluger）、F. 利蒙（F. Limon）、E. 洛霖兹（E. Lorincz）、D. 蒙克莱夫（D. Moncrieffe）、D. 迈克古尔柯（D. McGuirk）、S. 斯科特（S. Scott）、C. 莎伦（C. Shannon）、C. 华纳（C. Warner）、T. 索伯格（T. Solberg）和 B. 威尔逊（B. Wilson）。

作者简介
ABOUT THE AUTHOR

特里斯坦·斯蒂芬森是一位屡获殊荣的酒吧经营者、调酒师、咖啡师、厨师、兼职记者，他也是《好奇的调酒师》系列饮品畅销书的作者。他还是伦敦一家全球知名饮料咨询公司流体运动（Fluid Movement）的联合创始人，也是一些世界顶级饮料和饮食目的地饮料项目的顾问。2009 年，他在英国咖啡师锦标赛中排名第三。2012 年被评为英国年度最佳调酒师，同年入选《伦敦标准晚报》最具影响力伦敦人 1000 强。

特里斯坦的职业生涯开始于康沃尔郡多家餐厅的厨房，2007 年，他被委派为杰米·奥利弗（Jamie Oliver）的十五餐厅（位于康沃尔）经营酒吧和设计鸡尾酒。之后，他又在全球最大的高端饮料公司帝亚吉欧（Diageo）工作了两年。2009 年，特里斯坦与他人共同创立了流体运动咨询公司，之后在伦敦开了两家酒吧——2010 年的珀尔（Purl）酒吧和 2011 年的崇拜街口哨店（Worship Street Whistling Shop）。崇拜街口哨店在 2011 年获得 Time Out London 最佳新酒吧奖，并连续三年被评为"全球 50 佳酒吧"。2014 年，流体运动（Fluid Movement）开设了他们的下一个场馆，这次是在伦敦以外。瑟夫赛德，一家位于北康沃尔波尔兹海滩的牛排龙虾餐厅，被《星期日泰晤士报》评为 2015 年英国最佳露天餐厅。特里斯坦第一年在那里担任主厨，并继续管理食物和饮料菜单。2016 年，流体运动开设了布莱克罗克酒吧（专营威士忌酒），获得好评。2017 年，他们在同一地点开设了拿破仑酒店（Napoleon Hotel），因是伦敦最小的酒店而自豪，自称只有一个卧室，但设有三个单独的酒吧：经典的鸡尾酒吧——魔鬼的宠儿（Devil 's Darling），雪莉酒和小吃吧——赛克（Sack）和经典布莱克罗克威士忌酒吧，均提供客房服务！

特里斯坦的第一本书《好奇的调酒师：全面掌握调制完美鸡尾酒技艺的精髓》入围享有盛誉的安德烈·西蒙（André Simon）奖。他的第二本书，《好奇的调酒师：麦芽、波旁和黑麦威士忌历程》于2014年10月在英国上市。

2015年春天，他出版了《好奇的咖啡师指南》（此前，他曾成功地从康沃尔郡的伊甸园项目中收获、加工、烘焙和酿造了第一杯英国产的咖啡，获得了国际媒体的报道）。他的第四本书《好奇的调酒师：金酒宫殿》再次入围安德烈·西蒙奖。在这个项目的研究过程中，特里斯坦走访了全球20多个国家的150多家酿酒厂，包括苏格兰、墨西哥、古巴、法国、黎巴嫩、意大利、危地马拉、日本、美国和西班牙。

接下来，他的第五本书《好奇的调酒师：朗姆酒革命》于2017年出版，书中同样涉及了一场展示朗姆酒怎样穿越加勒比海中心地带的旅行，巴西、委内瑞拉、哥伦比亚、危地马拉等世界上一些意想不到的角落都出现了充满活力的新酿酒厂，从澳大利亚到毛里求斯，从荷兰到日本。这是他将由蓝莲-彼得斯与史墨尔出版社出版的第六本书，是原畅销书《好奇的调酒师》第一卷的后续作品。

特里斯坦的其他商业企业还包括他的饮料品牌阿斯克·斯蒂芬森（Aske-Stephenson）。该品牌生产和销售各种口味的瓶装鸡尾酒，有花生酱味的，有果酱老式味的，还有纯白俄罗斯味的。他最近还推出了一项名为威士忌迷的在线订阅服务，让客户可以收到顶级的单一麦芽威士忌，然后送货上门。最后，在2017年3月，特里斯坦加入折扣连锁超市Lidl UK，担任自有品牌烈酒系列的顾问。

特里斯坦住在康沃尔，是劳拉的丈夫和两个小孩的父亲。在他有限的业余时间里，他骑着凯旋摩托车、拍照、设计网站、烘焙、烹饪，尝试各种超出他能力范围的DIY任务，还收集威士忌和书籍。

创美工厂® | 壹品 新奇有趣

出 品 人：许　永
出版统筹：海　云
责任编辑：许宗华
特邀编辑：韩　晴
封面设计：海　云
版式设计：万　雪
印制总监：蒋　波
发行总监：田峰峥

投稿信箱：cmsdbj@163.com
发　　行：北京创美汇品图书有限公司
发行热线：010—59799930

微信公众号

官方微博